世界奥秘解码

神秘自然的生态效应
自然谜团解码

中国出版集团
现代出版社

前言
reface

　　大千世界，无奇不有，怪事迭起，奥妙无穷，神秘莫测，许许多多难解的奥秘简直不可思议，使我们对这个世界捉摸不透。走进奥秘世界，就如走进迷宫！

　　奥秘就是尚未被我们发现和认识的秘密。它总是如影随形地陪伴着我们，它总是深奥神秘地吸引着我们。只要你去发现它、认识它，你就会进入一个新的时空，使你生活在无限神奇的自由天地里。

　　在一切认知与选择的行动中，我们总是不断地接触到更大的境界，但是这境界却常常保持着神秘的特点。这奥秘之魅力就像太阳一般，在它的光照下我们才能看见一切事物，但我们的注意力却不在于阳光。

　　奥秘世界迷雾重重，我们认识这个熟悉而又陌生的世界，发现其背后隐藏着假象与真知，箴言和欺骗，探寻奥秘世界的真相，我们就会在思考与探索中走向未来。

　　其实，世界的丰富多彩与无限魅力就在于那许许多多的难解的奥秘，使我们不得不密切关注和发出疑问。我们总是不断地去认识它、探索它。今天的科学技术日新月异，已经达到了很高的程度，尽管如此，对于那些无数的奥秘谜团还是难以圆满解答。

古今中外许许多多的科学先驱不断奋斗，一个个奥秘不断解开，并推进了科学技术的发展，随即又发现了许多新的奥秘现象，又不得不向新的问题发起挑战。这正如达尔文所说："我们认识世界的固有规律越多，这种奇妙对于我们就更加不可思议。"科学技术不断发展，人类探索永无止境，解决旧问题，探索新领域，这就是人类一步一步发展的足迹。

为了激励广大读者认识大千世界的奥秘，普及科学知识，我们根据中外的最新研究成果，特别编辑了本套丛书，撷取自然、动物、植物、野人、怪兽、万物、考古、古墓、人类、恐龙等诸多未解之谜和科学探索成果，具有很强的系统性、科学性、前沿性和新奇性。

本套丛书知识面广、内容精炼、图文并茂，形象生动，非常适合广大读者阅读和收藏，其目的是使广大读者在兴味盎然的领略世界奥秘现象的同时，能够加深思考，启迪智慧，开阔视野，增加知识，能够正确了解和认识世界的奥秘，激发求知的欲望和探索的精神，激起热爱科学和追求科学的热情。

目录
Contents

自然现象

　　自然现象指自然界中由于大自然的运动规律自发形成的某种状况，它完全不受人为因素影响。自然现象主要有物理现象、地理现象和化学现象等几大类。

物理现象

自燃

指可燃物在空气中没有外来火源的作用，靠自热或外热而发生燃烧的现象。

自燃可分两种情况。由于外来热源的作用而发生的自燃叫作受热自燃。某些可燃物质在没有外来热源作用的情况下，由于其本身内部进行的生物、物理或化学过程而产生热，这些热在条件适合时足以使物质自动燃烧起来，这叫作本身自燃。

佛光

光的自然现象，是因阳光照在云雾表面所起的衍射和漫反射

作用形成的。佛光是一种非常特殊的自然物理现象，其本质是太阳自观赏者的身后，将人影投射到观赏者面前的云彩之上，云彩中的细小冰晶与水滴形成独特的圆圈形彩虹。

影子

由于物体遮住了光线，光线在同种均匀介质中沿直线传播，不能穿过不透明物体而形成的较暗区域，形成的投影就是我们常说的影子。

影子的形成要有光和不透明物体两个必要条件。仔细观察电灯光下的影子，还会发现影子中部特别黑暗，四周稍浅。影子中部特别黑暗的部分叫本影，四周灰暗的部分叫半影。

如果在茶叶筒旁点燃两支蜡烛，就会形成两个相叠而不重合的影子。两影相叠部分完全没有光线射到是全黑的，这就是本影。如果点燃三支甚至四支蜡烛，本影部分就会逐渐缩小，半影部分会出现很多层次。

音障

一种物理现象。当物体的速度接近音速时，将会逐渐追上自己发出的声波。声波叠合累积的结果，会造成震波的产生，进而对飞行器的加速产生障碍，而这种因为音速造成提升速度的障碍称为音障。突破音障进入超音速后，从航空器最前端起会产生一股圆锥形的音锥，在旁观者听来这股震波有如爆炸一般，故称为音爆或声爆。

电光火球

又叫球状闪电。电光火球与雷电是截然不同的，它是独立存

在的有一定稳定性的等离子态发光体，不是高压放电现象。内部没有电流的存在，其光亮柔和而不刺眼，在运动过程中无声无息，只是在消失时往往伴随着爆裂，并产生刺鼻的臭氧和亚硝酸气味。电光火球出现时常漂浮在离地面不远的空中，接触地面后常反弹起来，被接触的物质会被烧焦。

科学家们从150年前就开始研究这种罕见的自然现象，但在理论上直至如今也不能很好地加以解释。

流体状态

流体在运动的过程中，各质点完全沿着管轴方向直线运动，质点之间互不掺混、互不干扰的流动状态称为层状流动，简称为层流。如果运动着的质点不仅沿着管轴方向进行直线运动，还伴有横向扰动，质点之间彼此混杂，流线杂乱无章，这种流动状态称为紊流。

锅炉中，实际流体如水、烟气、空气等的流动状态都是紊流。只有黏性较大的液体，如重油、润滑油在低速流动中才会出现层状流动。

液体的流动状态，在不同场合会有不同的利与弊。如流体为紊流状态时，由于分子间扰动强烈，对增强传热有利，但由于是紊流，必然要增大流动阻力而增加能量损失。

光的直线传播

光在同种均匀介质中沿直线传播，通常简称为光的直线传播。它是几何光学的重要基础，利用它可以简明地解释成像问题。人眼就是根据光的直线传播来确定物体或像的位置的，这是物理光学里的一部分。我们的祖先就是根据光的直线传播原理制造了圭表和日晷，来测量日影的长短和方位。

相对临界速度

第一宇宙临界速度，即航天器沿地球中心或表面某点作圆周运动时必须具备的速度，也叫环绕速度。要做到这一点，必须依仗多级火箭不断助推才行。我们也可以把在太空中围绕地球运行的航天器的速度与地球运动速度的差值，或者两个物体达到互为脱离引力的速度，都称相对临界速度。

在线小知识

我们身边的物理现象：从高处落下的薄纸片，即使无风，纸片下落的路线也曲折多变；冰冻的肉在水中比在同温度的空气中解冻得快；有雪的路面撒些食盐溶化得快。

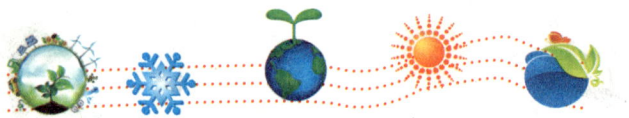

温泉

泉水的一种，是一种由地下自然涌出的泉水，其水温高于环境年平均温度50℃，可以洗澡、煮鸡蛋等。形成温泉必须具备地底有热源存在、岩层中有裂隙让温泉涌出、地层中有储存热水的空间三个条件。

海潮

是由于月球和太阳的引潮力作用，使海洋水面发生的周期性涨落现象。例如，当月亮和太阳与地球成一条直线时，月亮和太

阳对地球的引潮力加在一起，引起不同寻常的海潮，这种海潮称为大潮；当月球和地球与太阳和地球这两条连线成直角时，引潮就弱，这种潮叫作小潮。

地下虹吸

这是地下暗河的一种特殊现象。

水流在特定位置遇到河道突然变小，水流下泄受阻，产生快速水流。这种情况下水流的动能很大。科研人员在科学考察过程中有时会遇到这种自然现象。遇到这种情况时，不能强行进入，否则会被强劲、快速的水流吸入地下深处，危及生命。

青海沙漠怪圈

2011年8月22日，在我国青海省德令哈地区出现一个巨型"沙漠怪圈"。据当地目击者称，一夜之间在沙化的牧场上突然出现了一个直径近2000米的巨型圆环图案。怪圈不但是规则的圆形，其中还有复杂对称的图案，图案的边缘相当的精准。此怪圈比一般40米至200米直径的"麦田怪圈"要大很多，也更为壮观。目前，怪圈事件还无法得出一个合理的解释。但我们相信，随着科技的发展，在不久的将来一定会解开怪圈之谜。

17世纪以来，"麦田怪圈"的起源争论就不绝于耳。科学家已经证实，80%的麦田怪圈是人为制造的。

尼拉贡戈熔岩湖

由溢出的熔岩在火山口或火山口洼地内长期保持液态而成的湖。由于结晶缓慢，岩石结晶程度明显增高，下部与火山通道相连，岩石可达全晶质。多为流动性较强的玄武质岩石组成，面积

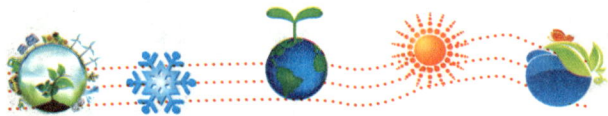

一般不大。尼拉贡戈火山口深处沸腾的熔岩湖是世界上最大的熔岩湖，湖深约396米，是非洲大陆最令人惊异的自然奇观之一，被称为地球魔鬼的"肚脐眼"。

地下湖

又称暗湖，指在天然洞穴中，具有开阔自由水面的比较平静的地下水体。它往往和地下河相连通，或在地下河的基础上局部扩大而成，起着储存和调节地下水的作用。如云南六郎洞、广西都安拉洞。欧洲最大的地下湖是奥地利游览胜地之一，被誉为地下童话王国，坐落在维也纳森林中。此湖位于距离维也纳市中心约17千米的维也纳西部亨特尔布旅村，面积为6200平方米。每年吸引15万游客来此参观。

地下湖共分3层，以石灰岩为主要成分。这种灰红的石灰矿在1848年至1912年间用来当作农业肥料。在第二次世界大战中，希特勒法西斯分子曾把这里用作地下飞机制造厂。

濒海荒漠

因常年受到副热带高气压带控制，盛行下沉气流，空气增温干燥。同时，盛行风从陆地吹向海洋，水汽很少，云雨难以形成，由此形成濒海荒漠。

此外，沿岸海洋中有寒流经过，降温减湿，进一步加剧了气候的干旱程度，使荒漠区一直延伸到海岸边。其中最典型的是南美洲的智利北部和秘鲁沿海地区，荒漠区随强大的秘鲁寒流向北延伸至赤道附近，成为一大自然奇观。

赤道雪山

位于赤道附近的非洲坦桑尼亚的海拔为5895米的乞力马扎罗山、肯尼亚中部的5199米的巴迪安峰等，因终年白雪皑皑，被称为赤道雪山。由于地势每升高1000米，气温要下降6摄氏度，海拔近6000米的乞力马扎罗山顶部气温要比山脚低近30摄氏度，因

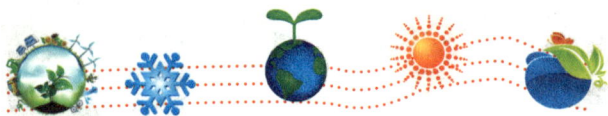

而山上形成终年积雪。近年来，因气候变暖，乞力马扎罗山顶积雪融化严重。环境专家预测，乞力马扎罗山顶积雪可能在2015年至2020年间彻底消失。

极地花园

北欧的冰岛虽然位于北极圈附近，但并不是一个终年冰天雪地和气候奇寒的国度，实际上全国仅有10%左右的面积为冰川所覆盖。由于受北大西洋暖流的影响，冰岛气候相对比较温和湿润，夏季凉爽宜人，冬季则比较暖和，所以人称冰岛为"极地花园"。

冰岛是世界温泉最多的国家，所以被称为"冰火之国"。全岛约有250个碱性温泉，最大的温泉每秒可产生200升的泉水。冰岛多喷泉、瀑布、湖泊和湍急河流，最大河流锡尤尔骚河长227千米。冰岛属寒温带海洋性气候，变化无常。因受北大西洋暖流影响，较同纬度的其他地方温和。夏季日照长，冬季日照极短，秋季和冬初可见极光。

寒暖流交汇的大渔场

寒流和暖流交汇的海区，冷海水上泛处，海水含有丰富的营养盐类，有利于浮游生物繁殖。浮游生物的滋长，成为鱼类丰富的饵料。同时，暖水性鱼类和冷水性鱼类都滞留在那里，所以渔业资源丰富。

世界上主要大渔场都位于这些海区。如纽芬兰渔场、北海道渔场、北海渔场、秘鲁渔场及我国的舟山渔场等。

回归沙漠带上的绿洲

地球上南北回归线附近地区，由于处在副热带高气压带或信风带控制下，盛行热带大陆气团，降水量小而蒸发量大，所以气候干旱。世界上的沙漠多分布在这里，故称为"回归沙漠带"。我国华南地区也处于北回归线上，却形成了典型的季风气候。每年夏季风和台风从海洋上带来大量水汽，造成丰沛的降水，因此这里气候温暖湿润，植被繁茂，赢得了"回归沙漠带上的绿洲"之美誉。

澳大利亚报时石

该石耸立在澳大利亚中部阿利斯西南的沙漠中，高达348米，周长约8000米，早晨旭日东升，阳光普照的时候为棕色；中午烈日当空的时候为灰蓝色；傍晚夕阳西沉的时候为红色。它是当地居民的"标准时钟"，当地居民根据它一日三次的颜色变化来安排农事以及日常生活。

怪石颜色变幻的缘由是由于太阳光在不同的气候条件下活动而产生反射、折射的数量及角度的不同，这种变化反映到人眼，即成为怪石幻形。

动物迁徙

我们每年都会从空中看到迁徙的鸟群，春天看到蟾蜍急急忙忙赶往它们的产卵地。到底是什么诱使动物做出如此令人惊叹的迁徙活动？

动物迁徙是指动物由于繁殖、觅食、气候变化等原因而进行一定距离的迁移。候鸟因季节和繁殖每年春季返回繁殖地，秋季迁往越冬地。每种鸟类的迁徙路线不变，一般常沿食物丰富的近水地区迁移。鱼类迁徙可分为：生殖洄游、稚鱼洄游、觅食洄游、季节洄游。哺乳动物也因季节、繁殖和觅食等原因作周期性迁移，如北方驯鹿冬季南迁至针叶林带，春季则返回食物丰富的北方苔原带。

农事活动

指农民按照季节气候的规律从事农业生产的活动。传统的农事活动包括春种、夏管、秋收、冬藏。现在的农事活动发生了很大变化，还要包括测土、选种、育苗、施肥、病虫害防治、农作物销售、掌控农业信息等诸多环节和过程。

如今，农事活动蕴涵了许多现代科技技术手段和方法，有效促进农业发展。如科学家袁隆平的水稻良种培育，已经为世界粮

食安全作出了巨大贡献；他的科技成果也成为人类文明发展的一个重要成就。

石河

由寒冻风化产生的岩块、岩屑，在重力作用下汇集到斜坡下的沟槽内，碎石沿沟槽缓缓向下移动，形成一条用石头填满的小河，故名石河。石河的运动速度很小，通常年运动速度0.2米至2米，运动的结果是使岩块搬运至山麓堆积下来。

岩崩

就是岩石崩塌，是指陡峻斜坡上的岩石体在重力作用下，脱离母岩，突然而猛烈地由高处崩落下来，堆积在坡脚的地质现象。岩崩灾害发生在各种坚硬岩石中。结构破碎或有软弱夹层的碳酸盐岩、变质岩容易发生岩崩。大规模岩崩可以摧毁矿山、房屋建筑，造成严重人员伤亡和财产损失。

生活中地理现象：冬天天亮得晚，夏天天亮得早，夏天天黑得晚，冬天天黑得早，出现昼夜长短的变化现象；水槽里的水在排放的时候在排水口处形成逆时针的漩涡现象等。

化学现象

虚影现象

人的眼睛在观看近处物体时，远处物体是虚幻的。在观看远处物体时，近处物体是虚幻的。时间久了，会让人分不清物体差距，这种情况称为虚影现象。

不翼而飞的酒

液体在任何温度下发生在液体表面的一种缓慢的汽化现象叫蒸发或叫挥发。蒸发既是化学现象，又是物理变化，它是物质由液态变成气态的一个过程。

蒸发在任何温度条件下均可发生，温度越高，蒸发速度越

快。酒精是一种无色透明、易挥发的液体。在标准大气压下酒精和水的沸点分别是78℃和100℃。酒精的比热容比水小，所以酒精就更容易蒸发。因此，以乙醇为主要成分的酒存放时间长了，就会有部分挥发。

流泪的咸鸭蛋

有时候，剥咸鸭蛋时会流油。原来，蛋类都含有脂肪，这些脂肪90%以上都集中在蛋黄里。

当鸭蛋放到盐水里腌制以后，由于蛋黄里脂肪比较集中，盐又使蛋白质凝固，蛋黄里原有的那些微小的小油滴因盐的作用，会凝聚在一起，变成大一些的油滴。

当我们切开鸭蛋时，这些油滴就会流出来。一般认为，只有这样"流油"的咸鸭蛋才是已经腌制透了的，吃起来更有味道。

厨房里的催泪弹

切洋葱会释放出蒜苷酶，它可以将这些有机分子转化成次磺酸，次磺酸又自然地重新组合，形成可以引起流泪的化学物质合丙烷硫醛和硫氧化物。

丰富的神经末梢能够发现角膜接触到的合丙烷硫醛和硫氧化物并引起睫状神经的活动，中枢神经系统将其解释为一种灼烧的感觉，而且，此种化合物的浓度越高，灼烧感也越强烈。

神经活动通过反射的方式刺激自主神经纤维，自主神经纤维又将信号带回眼睛，命令泪腺分泌泪液将刺激性物质冲走。

避免切洋葱时流泪的方法：将洋葱冷冻一段时间，或者把洋葱放在水里浸一下再切，也可把刀放在水里浸一下再切。

神秘的鬼火

夏天的夜晚，在墓地常会出现一种青绿色火焰，人们称之为"鬼火"。这是由于人与动物身体中有很多磷，死后尸体腐烂生成一种叫磷化氢的气体。这种气体冒出地面，遇到空气后会自燃。这种火非常小，发出的是一种青绿色的冷光，只有火焰，没有热量。夏天的温度高，易达到磷化氢气体的着火点，所以出现"鬼火"。

燃烧的磷化氢可以随风飘动，所以，还会出现"鬼火"跟人走动的现象。

红色的青苹果

还没有到成熟季节时，市场上就有鲜红诱人的苹果、黄灿灿的香蕉……你知道这是怎么回事吗？其实这些苹果刚从树上摘下来的时候都是青绿色的，有些商贩为了卖得好，就在水果上喷了一种能够催熟着色的气体叫乙烯，让青苹果瞬间变成红色。

乙烯是一种植物生长调节剂，除可以催熟果实外，还是石化工业原料，主要用于制造塑料、合成纤维、有机溶剂等。

绿色的天空

蓝天白云一直是人们脑海里的美

丽景象，可是有这样一幅画，却把天空画成了绿色。这是由于当时画家们绘画所使用的蓝色颜料，是一种叫铜蓝的矿石。这种矿石时间长了，发生了化学反应，就变成了绿色。

铜蓝是铜矿石矿物，因呈靛蓝色而得名铜蓝，它的化学成分是硫化铜，可以和空气中的水、氧气发生化学反应，生成浅绿色的硫酸铜。因此，用这种颜料画成的图画，时间久了天空就变成了绿色。

啤酒喷泉

每升啤酒中都含有5克左右的二氧化碳。在制造啤酒时，通过一定压力把它灌进瓶里。啤酒倒进杯子里会生出许多泡沫，这种泡沫被人叫作啤酒花。

啤酒花的产生和一种叫作二氧化碳的气体有关。啤酒生产酿造过程中，需要把二氧化碳加以压缩，使它溶解在酒液中，然后装瓶加盖。

当喝啤酒时，由于瓶内的压力比瓶外大，一打开瓶盖，二氧化碳就纷纷鼓动往外冒，产生许多气泡；把啤酒倒进杯子，气泡会冒得更多。二氧化碳不达标的啤酒口味会很差。

不粘锅：其之所以不粘食物，是因为锅底涂上了一层特殊物质"特富隆"，其化学名叫聚四氟乙烯，俗名叫塑料王。由于这种化合物具有耐高温、自润滑等优点，故被广泛用于不粘炊具。

神秘自然的生态效应　自然谜团解码

日晕

位于5000米的高空卷层云中的冰晶，经过太阳照射后发生的折射和反射等物理变化，阳光便分解成了红、黄、绿、紫等多种颜色，这样，太阳周围就出现一个巨大的彩色光环，称为晕。多出现在春夏季节。

民间有"日晕三更雨，月晕午时风"的谚语，是说若出现日晕的话，夜半三更将有雨；若出现月晕，则次日中午会刮风。

晚霞

日落前后出现的云霞。晚霞形成的是由空气对光线的散射作用。当太阳光射入大气层后，遇到大气分子和悬浮在大气中的微粒，就会发生散射。太阳光谱中的波长较短的紫、蓝、青等颜色的光最容易散射出来，而波长较长的红、橙、黄等颜色的光透射能力很强。

因此，我们看到晴朗的天空总是呈蔚蓝色的，而地平线上空的光线只剩波长较长的黄、橙、红光了。这些光线经空气分子和水汽等杂质的散射后，那里的天空就带上了绚丽的色彩。

流星雨

外空间的尘埃颗粒闯入地球大气层，与大气摩擦，产生大量的热，从而使尘埃颗粒汽化，在该过程中发光形成流星，尘埃颗粒叫作流星体。一个流星的颜色是流星体的化学成分及反应温度的体现：钠原子发出橘黄色的光、铁为黄色、镁为蓝绿色、钙为紫色，硅则是红色的。成群的流星就形成了流星雨。

流星雨看起来像是流星从夜空中的一点迸发并坠落下来，这一点或这一小块天区叫作流星雨的辐射点。通常以流星雨辐射点所在天区的星座给流星雨命名，以区别来自不同方向的流星雨。

超级闪电

是在云层顶端发生的高空正电荷放电发光现象，指的是那些威力比普通闪电大100多倍的稀有闪电。普通闪电产生的电力约为10亿瓦特，而超级闪电产生的电力则至少有1000亿瓦特，甚至可能达到万亿至10万亿瓦特。至2003年为止，科学家所发现的高空的短暂发光现象有：红色精灵、蓝色喷流、淘气精灵，以及在2002年夏天由一个院校物理系红色精灵研究团队所发现的巨大喷流等，它们都是伴随着雷雨云的高空发光现象。

海龙卷

一种发生于海面上的龙卷风，俗称"龙吸水"。它上端与雷雨云相接，下端直接延伸到水面，一边旋转，一边移动。海龙卷的直径一般比陆龙卷略小，其强度较大，维持时间较长，在海上往往是集群出现。它的破坏力特别巨大，如果船只和飞机遇到海龙卷，很快就会被卷得无影无踪。在大洋上易发生台风或飓风的海区，也容易发生海龙卷，只不过海龙卷毕竟是短暂的和局部的，而且不可能经常发生。

雷暴群

产生雷暴的积雨云叫作雷暴云，一个雷暴云叫作一个雷暴单

体，其水平尺度10多千米。多个雷暴单体成群成带地聚集在一起叫作=雷暴群或雷暴带，它们的水平尺度有时可达数百千米。每个雷暴单体的生命史可分为发展、成熟和消散三个阶段。每个阶段持续10多分钟至半小时左右，在不同阶段中，雷暴云的结构有不同的特征。发展阶段即积云阶段，其主要特征是上升气流贯穿于整个云体；成熟阶段的特征是开始产生降水，并且由于降水的拖曳作用而产生下沉气流；消散阶段的特征是下沉气流占据主要部分。

火烧云

日出或日落时出现的赤色云霞，属于低云类，是大气变化的现象之一。它常出现在夏季，特别是在雷雨之后的日落前后，在天空的西部。由于地面蒸发旺盛，大气中上升气流的作用较大，使火烧云的形状千变万化。火烧云的色彩一般是红彤彤的。它的出现，预示着天气暖热、雨量丰沛及生物生长繁茂的时期即将到来。火烧云可以预测天气。民间流传有谚语"早霞不出门，晚霞

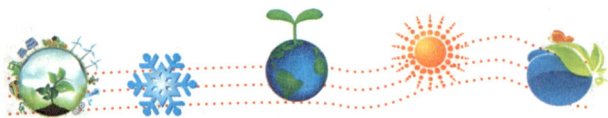

行千里"，就是说，火烧云如果出现在早晨，天气可能会变坏；如果是出现在傍晚，那么第二天准是个好天气。

雪茄状彩虹

不是一个桥的形状，是直线形状，一头伸入云端，一头垂进山间，是极为罕见的自然景观，因酷似雪茄而得名。2006年10月20日下午18时54分左右，我国云南昆明市雨后数分钟，在市东北角上空出现过这样的一道色彩艳丽、炫目的彩虹。

雪茄状彩虹也是一种正常的自然现象，原理和无色光线照射到棱镜后会分解出七彩光是一样的。

硝凇

由于受暖冬气候的影响，湖水遇风遇冷后，水中的硫酸钠结晶而出，凝聚在草木的枝叶上而成的冰晶，形成了美丽的"硝凇"奇观。在一定的气温条件下方可结晶成此状，所以此现象非常少见，大面积成片的更是不多见。

位于我国山西省运城市区以南2000米的运城盐湖是世界上第三大硫酸钠型的内陆湖泊，占地面积132平方千米，夏产盐，冬产硝，是我国最大的无机盐生产基地。2007年1月31日，运城盐湖约200亩硝池的硝埂上结满了晶莹剔透的"硝凇"。

夜天光

太阳落入地平线下18度以后的没有月亮的晴夜，在远离城市灯光的地方，夜空所呈现的暗弱弥漫光辉，叫夜天光，又称夜天辐射。在测光工作中，则称为天空背景，或叫夜天背景。

夜天光的光谱由连续光谱和发射线组成。连续光谱是由分子和尘埃粒子等散射星光产生的，它的峰值在波长为10微米处。

发射线则是高层大气中的原子和分子的辐射产生的，其中氧原子发射的绿线和红线最明显，中性钠的D线也很强。

在红外波段，有很强的羟基分子发射带和氮分子、氧分子的发射带。夜天光限制了观测的极限星等。

云隙光

一种常见于日落与日出时分的大气现象。太阳于低角度时，阳光穿过云层隙缝，形成云隙光，从云雾边缘射出的阳光，照亮空气中的灰尘而使光芒清晰可见。对地面的观测者而言，只要有云或雾遮挡住太阳，就有可能看到此现象，但最重要的还是水汽与灰尘的条件。

因此云隙光在多云的天气比较常见；晴朗的日子里，则常发生于日落时分。比较好的观测地点在海滨或湿气重的山谷地区。云隙光偶尔会伴随着反云隙光一起发生。

反云隙光

一种常见于日落与日出时分的大气现象。太阳于低角度时，阳光穿过云层隙缝，形成云隙光。若两道云隙光的夹角较小，对

地面观测者来说，就好像是两条光芒从日落的西天射出，辐射于天顶对面的东边，此现象即为反云隙光。

尽管这景象有些神奇，其实只不过是平常的夕阳和一些位置特别合适的云朵所造成的。在地球上相对太阳180度的那一边所看到的光，就是反云隙光。

日承现象

又称日载或环地平弧现象，这是高层大气中冰晶折射产生的。日承号称为所有晕像中最美丽的，其颜色顺序自上而下分别为：红色、橙色、黄色、绿色、蓝色、靛蓝、蓝紫色。必须在太阳距离地平线至少58度时才会出现，但在中纬度地区，太阳仅在6月和7月初才能到达此高度，并且仅限于日中前后数小时内。

火彩虹

之所以被叫作"火彩虹"，是因为它看起来就像彩虹在天空自发地燃烧，划过天空。

火彩虹不像普通的彩虹那么容易见到，这主要因为那种条件实在太难满足了，首先太阳要与地平线成58度角，同时要在约6100米的高度上存在卷云。日承现象的形成原理与环天顶弧相似。

静电

一种处于静止状态的电荷。在日常生活中，人们常常会碰到这种现象：晚上脱衣服睡觉时，黑暗中常听到"噼啪"的声响，而且伴有蓝光。

当你和别人握手时，手指刚一接触到对方，会突然感到指尖针刺般疼痛，令人大惊失色。

早上起来梳头时，头发会经常"飘"起来，越理越乱；拉门把手、开水龙头时都会触电，时常发出"啪、啪"的声响。这就是发生在人体的静电。

28

钟乳石

碳酸盐岩地区洞穴内在漫长地质历史中和特定地质条件下形成的石钟乳、石柱等不同形态碳酸钙沉淀物的总称。

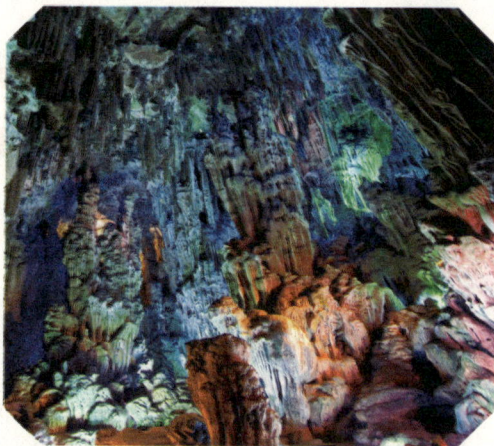

钟乳石的形成往往需要上万年或几十万年时间，是溶解了碳酸钙的水从洞顶上滴下来时，由于水分蒸发、二氧化碳逸出，使被溶解的钙质又变成固体，由上而下逐渐增长而形成的。

厄尔尼诺现象

一种异常气候现象，主要指太平洋东部和中部的热带海洋海水温度异常地持续变暖，使整个世界气候模式发生变化，造成一些地区干旱而其它地区又雨量过多。一般平均每四年发生一次。

厄尔尼诺的全过程分为发生期、发展期、维持期和衰减期，历时一般一年左右，大气的变化滞后于海水温度的变化。

世界上最大的地下湖：坐落在欧洲维也纳森林中，位于维也纳西部亨特尔布旅村，面积为6200平方米，最深处达12米，被誉为"地下童话王国"。

在线小知识

超自然现象

心灵感应

一种大多数人认为存在的现象。心灵感应能将某些信息透过普通感官之外的途径传到另一人的大脑中。这种信息在报道中往往描述为和普通感官接收的信息相同。

比如拿起电话，突然感觉到有人要打电话给自己，结果很快电话就响了！这就是心灵感应。以目前的科技手段还不能用来解释这种现象。

深蓝儿童

指在新纪元运动中被视为拥有某种特殊意志力或超自然能力

的儿童。他们自称有超能力，可以看到灵异现象，能预测到将要发生的事情。

这些人的共同特征是智力很高、直觉性强、非常敏感等，代表精神力的蓝色，在这些儿童身上特别明显。

麦田怪圈

在麦田或其他农田上，透过某种力量把农作物压平而产生的几何图案。

最早的麦田怪圈是1647年在英格兰被发现的。其常常在春天和夏天出现，科学界对怪圈如何形成一直存在争议。

关于成因目前有许多说法，但已有大部分被证明是人为所致。世界上只有南非没有出现过麦田怪圈。

尼亚加拉瀑布

位于加拿大和美国交界的尼亚加拉河中段，有着世界七大奇景之一的美誉。它气势宏伟，水汽丰沛而浩瀚。

从伊利湖滚滚而来的尼亚加拉河水流经此地，突然垂直跌落51米，巨大的水流以倾倒之势冲下断崖，声及数千米之外，场面震人心魄，形成了气势磅礴的大瀑布。

沙漠中的"魔鬼城"：当晴空万里、微风吹拂时，人们在城堡漫步，耳边能听到美妙乐曲。可是旋风一起，飞沙走石，天昏地暗，那美妙的乐曲顿时变成了各种怪叫。

在线小知识

神秘自然现象

北极光

出现于星球北极的高磁纬地区上空的一种绚丽多彩的发光现象。地球的极光，是由来自地球磁层或太阳的高能带电粒子流使高层大气分子或原子激发而产生的。北极附近的阿拉斯加、加拿大北部是观赏北极光的最佳地点。

极光最常出没在南北磁纬度67°附近的两个环状带区域内，分别称作南极光区和北极光区。

乳房云

也被称为乳房积云，它是由无数个袋状下垂云状结构组合在云层底部而形成的。它主要由冰物质构成，可以沿着任何一个方向延伸数百千米，然而一些乳房云结构可保持静止不变10分钟至15分钟。每当乳房云出现，就预示着恶劣天气的到来，它经常是暴风雨或其他恶劣天气来袭的前兆。

融凝冰柱

看上去非常像冰矛，主要存在于高山冰川，它在尺寸上从几厘米高至5米高。最初，太阳光线在积雪或高山冰川表面上照射融化形成不规律的微凹，一旦像这样的微凹形成，太阳光将在这个微凹处发生光线反射，增加了局部物质升华。随着微凹的逐步加深，深深的一个凹槽便形成，最终形成耸立的融凝冰柱。

会移动的石头

近些年来，美国加利福尼亚州冰川泥浆戈壁上，会移动的石头成为科学家争议的一个焦点。对于这一怪异的自然现象，许多科学家均无法给予合理的解释。为什么重达数百磅的石头也会自然移动数百米之远？一些科学家猜测该现象可能为强劲的风和表面冰层的结合作用所致。

在线小知识

月亮彩虹：彩虹是太阳光受到空气中小水珠折射引起的，尤其在雨后常见。而月亮彩虹则罕见得多，只有在满月或临近满月之夜并且月亮低垂之时才会出现。

自然危机

　　自然危机就是大自然的危害灾难。人类自然危机中，目前是空气危机和气候危机，诸如雨水危机、冰川融化、水流泛滥或干枯等被排在首位。其次是粮食和物资的危机。人类赖以生存的粮食和绿禾树木匮乏，恶性循环，将会危及人类的生命。

石油危机的背后

石油价格的猛涨，关系到全球各个国家政治、经济、生活、军事和外交等各方面的问题，而石油价格的涨落牵动着世界的每一根神经，由此也演绎了一出出惊心动魄的故事。

石油，被人们称为"黑色的金子"、"工业的血液"。在今天这个发达的时代，石油已经像血液一样维系着社会生活的运转、经济的发展甚至政治的稳定和国家的安全。

英国石油专家彼得·R·奥得尔曾这样论断：无论按什么标准而言，石油工业都堪称世界上规模最大的行业，它可能是惟一牵涉到世界每一个国家的一种国际性行业。

面对越来越紧缺的石油，各国都积极应对。但人们在采取措施的同时，是否真正明白石油危机背后的真相？

全球频频爆发石油危机

石油危机是由于世界经济或各国经济受到石油价格的变化所产生的危机。1960年12月石油输出国组织（OPEC）成立，主要成员包括伊朗、伊拉克、科威特、沙特阿拉伯和南美洲的委内瑞

拉等国，而石油输出国组织也成为世界上控制石油价格的关键组织。自从石油时代开始以来，全世界已烧掉约8000亿桶石油。

据估计，约有1～1.6万亿桶石油埋藏在可以廉价开采的地层中。按目前世界石油消耗速度看，1.6万亿桶石油大约60年就会消耗光。而且世界石油消耗速度正在逐年加快。

全球每天消耗石油量大约为7100万桶，几乎每年增加2%。

地球上的石油到底还能供人类用多久？随着一次又一次的石油危机的出现，人类开始越来越关注这个问题了。从近几十年来国际关系的现实可以看出，石油资源已经成为国家间发生战争和冲突的主要因素，特别是谋求对石油资源的控制成为国际斗争的焦点之一。伊拉克入侵科威特、海湾战争、伊拉克战争、巴以冲突、非洲一些国家的内战、日本阻挠中俄"安大线"石油管道项目，以及涉及中国主权的南沙群岛问题等等，在这些问题背后无不存在着能源因素。

过去半个世纪中，由石油引发的冲突已经有无数起，并且大多数还演变为武装冲突。伴随着石油资源的紧缺，能源对经济发展的制约作用也将更加突出，以各

种形式出现的全球能源争夺战也将愈演愈烈。

国际油价大幅上涨

2004年，国际油价不断上涨，引起世界各国的普遍关注。在2004年1月初，纽约商品交易所石油期货价格为每桶32美元左右，而到了10月，国际原油期货价格居然达到了每桶55.67美元，涨幅达73%！这无疑是给世界经济发展前景蒙上了一层阴影。

据国际货币基金组织估算，油价每上涨5美元，将会使全球经济增长率下降约0.3个百分点。

油价持续上扬还使得企业成本增加，盈利空间缩小，尤其是航空、汽车等领域的企业，受之影响更大。在居高不下的油价面前，尽管亚洲经济增长没有明显的减缓，但由此带来的通货膨胀压力已显而易见。

美国能源信息部发布的《2007年12月份短期能源前景》报告显示，预计全球两年原油的平均需求量将达到创纪录的8716万桶/天，在两年的水平上增加138万桶/天，增幅为1.6%。此前一月预期为增加146万桶/天，预期增幅为1.7%。

人类对能源的争夺战，使世界面临着能源危机。从石油资源的供求分布来看，"不平衡"一词可点破其中的根本特征。也正

是由于这种不平衡，才从根本上导致了国际上各种因石油问题而产生的纠纷甚至是战争。

纵观全球，因石油问题而引起的战争和地区纷争愈来愈多，如美国借口伊拉克有大规模杀伤性武器而对伊发动军事行动，就是一个明证。

随着人类社会的不断进步与发展，石油资源不断走向枯竭；今后国际石油市场将充满更多的变数。世界能源危机是人为造成的能源短缺。石油的蕴藏量也并不是无限的，容易开采和利用的储量已经不多，剩余储量的开发难度越来越大，到一定限度就会失去继续开采的价值。

在世界能源消费以石油为主导的条件下，如果能源消费结构不改变，就可能会引发能源危机。

在线小知识

石油是远古时期的动植物被地表覆盖，沉积而成的物质，也是不可再生资源。石油在人类社会中发挥着巨大作用，所以，在石油资源枯竭之前，人类必须研发其替代品。

地球 "发烧了"

地球变得越来越热了，据有关专家对南极冰川的研究表明，现在人类所处的气候点是近一万年来较高的。每个生存在地球上的人都像发烧了！不，不是人类发烧了，而是我们的家园——地球 "发烧" 了。

地球 "发烧" 了，也许很多人认为是荒唐，这却是不容忽视的事实。其病因就是 "温室效应"。在我们周围的大气中，有一些气体叫温室气体，如二氧化碳等。这些气体就像罩在地球外面的 "温室"，它们让太阳辐射自由通过，却大量吸收地面反射或散发的辐射——辐射的能量进来容易出去难，这使地球表面温度上升，此过程可称为 "天然的温室效应"。但由于人类活动释放出大量的温室气体，结果让更多红外线辐射被折返到地面上，加强了 "温室效应" 的作用。于是，地球就 "发烧" 了。

在南太平洋上有一个叫作图瓦鲁的岛国。这个岛国位于夏威夷与澳洲之间，由环状珊瑚岛组成。然而，这个素有 "南太平洋珍珠" 美誉的岛国，因为受到温室效应恶化造成全球暖化、海平面持续上升的威胁，已经发出亡国警号了！海浪严重地侵袭着图瓦鲁的海岸线，水土侵蚀日益严重，很多的岛民都被迫不断往高处迁移，甚至沦为 "气候难民"，大叹："何处是我家？"

美国加州有世界著名的马里布海滩，这是社会名流、冲浪高手和心怀梦想的人喜欢去的地方。然而科学家预测，到本世纪

末，也许海滩上会只剩下为抵挡太平洋浪潮所筑的石墙。

"谁来为全球变暖埋单？"科学家对此众说纷纭，至今仍无一个确切的论断。但是综合起来不外乎于两个原因：一是自然原因。太阳黑子的周期与地球温度上升的时间是同时发生的。二是人为原因。据权威人士的研究，越来越多的科学论证，趋向于人类的行为是全球变暖的首因。关于人类活动导致全球气候变化的研究可以追溯到19世纪末。1896年，瑞典科学家斯万特·阿尔赫尼斯就对燃煤可能改变地球气候作出过预测。他研究发现，当大气中的二氧化碳成倍的增加时，全球的气温将会升高5℃～6℃。在此之后，又有众多科学家就此作了研究。

1957年，瑞威拉等在美国发表了关于增加大气中温室气体浓度可能产生气候变化的论文。同年，美国夏威夷观象台开始进行二氧化碳浓度观测，从而引起了人们对大气质量的关注。

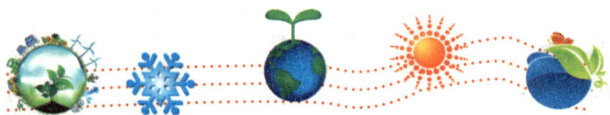

　　大气层被破坏是造成地球变暖的主要原因。大气是包围地球的空气层，它由氮、氧、氩等多种气体组成，当太阳透过空气时太阳辐射能受到它们不同程度的削弱，形成了目前这种平衡状态的地球气候系统，人类也已经适应了这种状态。但上世纪以来，由于工业的迅猛发展，大量的石油化学燃料的燃烧，数以亿吨的二氧化碳被排放到大气中，每年的排放量高达数十亿吨，再加上绿色植被的被破坏，森林被大量砍伐，使大气中的二氧化碳含量升高得很快，打破了这种平衡的状态。导致地球变暖，灾害频发。1860年以来，全球平均温度升高了$0.6℃ \pm 0.2℃$。近百年来最暖的年份均出现在1983年以后。20世纪北半球温度的增幅是过去1000年中最高的。

　　人口的急速膨胀也是全球变暖的一个主要因素之一。同时，这也严重地威胁着自然生态环境间的平衡。每年仅从人类自身所排放的二氧化碳就是一串惊人的数字，其结果就将直接导致大气

中二氧化碳的含量不断增加，这样形成的二氧化碳"温室效应"将直接影响地球表面气候变化。

如果二氧化碳的含量继续升高，温室效应会越来越严重，气温会越来越高，届时地球两极的冰川、冰山可能会融化，海平面可能在2100年前将上升50厘米，危及全球沿海地区，这些地区可能会遭受淹没或海水侵入。4万种动植物在下个世纪中叶前将因此而不复存在。如果全球变暖在地球上继续作威作福，那么将对农业造成重大影响。

几乎全世界的人都在关心飙升的油价。但几乎没有人会想到，在未来几十年内，人们可能会像今天关注油价一样关心在超市里摆放的各种食品的价格。未来人们的食品的价格可能比现在翻50倍。如果生态平衡继续遭受破坏，人们生存的这个大家园将不再安全。

如果温室效应继续横行，全球变暖将成为下个世纪人类健康的一个主要因素。极端高温将使下世纪人类健康困扰变得更加频繁、更加普遍。它正在危害你的呼吸、你的心脏、你的皮肤，厉害的程度远远超出你的想象……

人类造成了地球的"不平"，而地球正在报复人类！

在线小知识

人类对地球表面的影响已经大不同于昨天。同自然打交道，稍有不慎就会酿成恶果。关爱环境人人有责。我们可以选择将个人二氧化碳排放降到最低，我们只需要作出决定使其生效。

臭氧空洞的灾害

是谁破坏了人类赖以生存的环境？是谁正在快速地"吞噬"着被人类称为地球保护伞的臭氧层？这是不得不令人深思的问题。

随着时代的进步，人类的生活水平逐步提高。人类的生活过得越来越惬意，坐在家里享受着现代物质文明的成果。夏天快到了，人类舒适地坐在家里享受着从空调机吹出来的自然风，吃着从电冰箱里拿出的冰淇淋，丝毫感觉不到夏天的到来。殊不知电冰箱与空调所排放出的氟氯代烷正在加速破坏人类的"保护伞"——臭氧层。如果臭氧层遭到大量地吞噬，就会形成前所未有的臭氧空洞，这样，日光中的紫外线就会对人体的皮肤造成伤害，还使整个地球的温度火速上升，产生温室效应。臭氧层空洞不仅破坏了生物的生存环境，而且直接威胁到了人类的身体健康。

罪魁祸首是冰箱

电冰箱里所含的那么一点点的氟里昂是否真的对人体有危害呢？在早先的50年里，无人提及这个问题。直到1973年，墨西哥裔美国化学家马里奥·莫利纳首次对人类发出了警告。他指出地球的臭氧层已受到损害。当他提出这个警告时，无人理睬他的理论，也就不了了之了。

据有关资料显示：臭氧层出现空洞与电冰箱、空调有关。电

冰箱能制冷并完好保存食物的新鲜，空调能吹出自然风、调节室内的温度，都与氟利昂这种制冷剂有关。氟利昂在常温下都是无色气体或易挥发液体，略有香味，低毒，化学性质稳定。但它也能变成气体，当它挥发到臭氧层中，能破坏臭氧的整体结构，从而使臭氧的浓度减少产生空洞。除此之外，只要是含有氟类的物

质，在生产和使用过程中也会排放到大气中造成臭氧层出现空洞。电冰箱、空调制冷剂的氟氯代烷的大量排放、漂浮在大气高层中，在太阳紫外线的辐射、分解下使臭氧日益减少，破坏着人类的天然屏障。不仅如此，还影响人类的身心健康，造成整个生态系统失衡。

臭氧空洞，人类面临"灭顶之灾"

近十年来，地球上的臭氧空洞已增至5个，总面积近4000万平方千米，接近地球表面积的十分之一。如果这样长期持续的话，阳光中的紫外线会使人类和动物遭受灭顶之灾。

据国外媒体报道，俄罗斯科学院的专家们就俄远东地区的4处被发掘的"恐龙墓地"进行研究与试验后认为，恐龙灭绝的原因与臭氧层空洞有着密不可分的关系。

资料显示：1985年，英国南极考察首次发现南极上空的臭氧

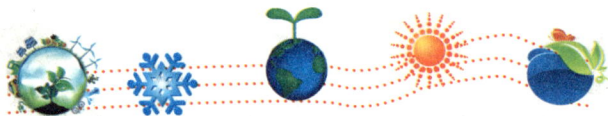

层有一个空洞，面积与美国国土面积差不多。当时轰动了世界，也震动了整个科学界。据有关资料显示：1994年10月臭氧空洞曾一度蔓延到南美洲最南端的上空。

日本环境厅发表的一项监测报告称：1998年的9月～12月的南极上空出现了迄今为止最大的臭氧层空洞，空洞可达2720万平方千米，是历史上最大的臭氧层空洞，而且是持续时间最长的。这足以说明，大气层上部的臭氧仍在不停地减少。这项监测报告中还指出，日本北海道上空的臭氧量在过去的10年间减少了近3.3%。

近几年以来，南极上空臭氧层空洞较以往扩展近一倍，已达2100万平方公里，比两个中国的面积还大。

由于臭氧层遭到严重的破坏，增加了人类患皮肤癌的机率。

有关业内人士对此作了一项调查，调查的结果显示：臭氧减少1%，皮肤癌患者就会增加4%~6%左右，以黑色素癌为主；当电冰箱排放出的氟里昂挥发成气体时，将会伤害人类的眼睛，增加白内障患者，由白内障而引发失明的人数将增加1万~1.5万人。如果再不对臭氧空洞采取措施，到2075年，将导致约有1800万例白内障病例的发生；同时会削弱人体免疫力，增加传染病患者。臭氧空洞的出现，造成全球生态系统失衡。有关科学家们专门对农产品减产及其品质下降作了试验，有200多种作物对紫外线辐射增加的敏感性，显示出有将近2/3的农作物品质的下降与臭氧空洞有着密不可分的关系。科学家们还做出一个算术数据，臭氧减少1%，大豆就要减产1%。

另外，臭氧空洞也大大减少渔业产量。紫外线辐射也可杀死10米水深内的单细胞海洋浮游生物。并且还有破坏森林的作用。任谁也想不到，臭氧空洞的"罪魁祸首"竟然是在工业和生活中所使用频繁的制冷剂氯氟烃类化合物。人类也万万没有想到，氟氯烃在造福人类的同时也会跑到天上去闯祸，给人类世界带来"灭顶之灾"。

在线小知识

臭氧层能吸收紫外线，是地球一切生命的保护伞，是保护人类的天然屏障。没有它，地球一切生物会遭受灭顶之灾。所以，联合国不断强调臭氧受到破坏的危害。

空气污染的祸首

在车水马龙的街头，一股股浅蓝色的烟气从一辆辆机动车尾部喷出，这就是造成空气污染的"罪魁祸首"——汽车尾气。"汽车灾难"已经形成，由此带来的汽车尾气更是害人不浅。

现在世界上所有大城市面临着空气污染恶化的问题。在欧洲许多城市，汽车尾气排放是空气中PAH污染的主要来源，占全年的35%。研究发现，汽车尾气中有上百种不同的化合物，其中造成空气污染的有固体悬浮微粒、一氧化碳、氮氧化合物、铅及硫氧化合物等物质。这些污染物还会通过大气化学反应生成光化学烟雾、酸沉降等二次污染物。一辆轿车每年排出的尾气比它自身的重量大3倍。汽车排出的尾气正危害着每一位走在大街上的行人。

汽车尾气，空气污染的"头号杀手"

在现代文明的今天，汽车是人类不可缺少的交通工具，但汽车尾气却是大气的主要污染源。自1886年第一辆汽车诞生以来，它就给人类的生活和工作带来了极大的便

利，并经过长期的发展成为近代文明的支柱之一。但是在汽车产业高速发展、汽车产量和持有量不断增加的同时，汽车尾气也给人类带来了严重的危害，甚至还会危及人的生命安全。

据国际医学权威专家经过临床研究表明：目前，人类肺癌的发病率和死亡率与空气污染成正比，世界各大城市的肺癌发病率大于近郊，近郊区大于远郊区，统计出的比率为150：16：1。这些骇人听闻的数据，让人不寒而栗，也让地球人类忧忡忡。如果再不下大力气治理车辆尾气的排放，全球各大城市空气污染将更加严重。

汽车尾气的排放已成为当今世界各大城市空气污染的"头号杀手"。据有关业内人士统计，在车辆不多的情况下，大气的自净能力尚能化解车辆排出的毒素。但由于车辆的过多而直接导致交通拥堵时，汽车本应具备的便捷、舒适、特效的特点却被过多的车辆逐渐抵消。汽车尾气中含有氮氢化合物，是致癌物质，是一种高散度的颗粒，可以长期在空气中悬浮不定，被人体吸入后不能排出，积累到临界浓度便激发形成恶性肿瘤。汽车尾气对人类的危害表现为由于大量排出二氧化碳等被称为温室气体的气

体，一旦进入空气中，可以产生温室效应，使冰川融化，全球变暖；另一方面，还可破坏地球的保护层——臭氧层，加速气温急剧升高；此外，可引起地球气候不正常的反映，比如会出现酸雨、黑雨等不良现象。空气污染问题到目前为止已到了非治不可的程度，减少汽车尾气，洁净大自然空气污染成为21世纪全人类共同面临的重要任务之一。

"锁"住汽车尾气

控制汽车尾气的排放是当今人类刻不容缓的重中之重。根据现代国际科学水平的一些做法，采用气体燃料，推进"清洁"能源的生产，是目前降低汽车尾气污染大气较为理想的方法。由于该气体所含燃料的硫、氮等一些杂质少，燃烧完全，可以很明显地减少汽车所排放的污染物，这一方法受到了世界各国的欢迎。

据有关资料显示，目前世界上燃气汽车用液化气消费量一年已高达500万吨以上，燃气汽车达到520万辆。仅日本就有90%的城市出租车已改用液化气做燃料。

"锁"住汽车尾气刻不容缓。虽然汽车是现代文明和繁华都市的象征，控制尾气污染，保护环境、保护人类的健康同样是人类文明建设之必须。

目前，世界各国已有很多

地区形成了较为完善的技术与管理相匹配的制度。这种制度主要是环保部门对汽车生产厂家的任何新车或新车发动机进行检测，必须要经过环保局人员检测合格后，由环保局向生产厂家颁布合格证书，其证书有效期不超过1年。除了对新型车认证和合格证检测制度外，还建立了操作性极强的在用车检查维护体系，当地的登记过的汽车应每年接受一次排气检查，如有检测不合格的，应立即停止使用，除经过修理后达到合格标准的例外。

汽车尾气，早已使人类所生活的城市变成一个大染缸！空气洁净的差别成了评判城市环境质量的最显著的标准。为何人类要发出"寻找第二个家园"的口号呢？人类脚下的第一家园——地球为何不能引起全球人类的注意呢？有些人不禁发问，是谁造成这样的局面呢？答案只有两个字——人类。科学技术在不断发展的同时，人类生存的自然界空气却在日益恶化；人类生活的水平在不断快速提高，环保意识却少有提高。

在线小知识

治理汽车尾气是防止空气污染的关键所在，对"禁令"的宣传力度和推行力度应大大加强，才能保证大气环境不受汽车尾气所污染，还给人类一个洁净的大气生活空间。

人类捕杀的残酷局面

从茹毛饮血逐步完善起来的人类，离不开对野生动物的利用。但过度捕杀野生动物，使野生动物遭遇到生存危机的同时，也将危及人类自身。动物是人类的伙伴。保护野生动物就是捍卫人类的家园，也是爱护人类自己。

罕见的印度洋海啸扑向了斯里兰卡最大的野生动物保护基地。然而结果却是出人意料，人类因此而死亡无数，但是却没有一只野生动物在此灾难中丧生。专家们认为，动物天生有一种应付自然环境和灾难的本能。可以说它们是人类"活的警报器"。然而人类却因为一己私欲，不断的捕杀着我们的朋友，结果却造成了如此巨大的伤亡与损失。

毫无疑问，印度洋海啸再次警示世人：破坏环境、摧毁自然、猎杀野生动物，最终遭受祸害的还是人类自己。

不管人类思想如何进步，科学技术水平如何提高，大自然的生存法则是不会因此而有任何转变的。人本身就是食物链的一部分，过度滥杀甚至造成其灭绝，就会破坏大自然的生态平衡，从而引发大自然对人类的惩罚。

捕杀动物的残忍场面

2007年11月18日，由下关港出发的一支由6艘船组成的日本捕鲸船队，前往南极地区水域捕杀国际珍稀动物鲸。此次捕鲸活动预计持续到2008年4月中旬。捕鲸队计划捕鲸超过1000头，其中还包括50头座头鲸。

目前座头鲸属于濒临灭绝动物，日本这次的捕鲸行动是继1963年以来规模最大的捕杀座头鲸的活动。这次活动遭到了世界各国的强烈谴责。但是，面对国际压力，日本竟借科研之名对舆论不屑一顾。

据国际珍稀动物保护中心称，在19世纪50年代，曾经在非洲的大森林里出没自由的几千头笨重而古老、高傲而倔犟的白犀牛的数量已经急剧下降。由于人类大批捕杀白犀牛以猎取犀牛角，使这种珍稀动物濒临灭绝。到了21世纪初，只有25头的白犀牛幸存下来。

据1990年巴西官方统计，亚马孙地区已有57种哺乳动物、32种脊椎动物和108种飞禽灭种，还有117种动物濒临灭种。

据有关人员统计，在1980—1983年间，在中国长江生存的白鳍豚，由于人类制造的滚钩捕杀致死的占其总数的一半。如今，中国对珍稀白鳍豚的保护指数直线上升，已被划入濒临灭绝的名

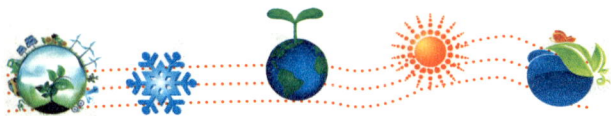

单之中。

中国《三湘都市报》发表了《藏羚羊在地球上还能挣扎多久？》的论文。文中说藏羚羊仅存于中国青藏高原，是生活在海拔最高地区的偶蹄类动物，历经数百万年的优化筛选，成为"精驯而成"的杰出代表。

中央电视台2012年5月报道，青海可可西里藏羚羊自然保护局成立至今，已扼制了藏羚羊逐年减少的态势，恢复了种群繁殖的水平。

随着科学技术的提高，人类捕杀动物的手段也是越来越先进，目前世界上已有几十种鸟类、几百种兽类、十几种两栖动物正濒临灭绝或已绝迹。

人为捕杀何时休！对于同在地球家园的动物，人类不应该滥捕滥杀，或者是贪图口腹之快而肆意宰食。人为的征服反而会遭到大自然无情的报复。农民的耕地增加了，野生动物的活动空间

却被压缩了，无处安身的野生动物只能与人类争夺生存的空间。于是，被赶得四处为家的野猪、野牛、大象等接二连三地闯入农田、农舍，掠食农作物甚至伤害村民。这就是动物的报复。

假如这个世界上没有动物的存在，人类所生存的空间将不堪设想。所以，人类要加大力度保护值得保护的动物，同时保护人类自己。

过度捕杀，破坏生态平衡

大自然的生态平衡系统是一个统一和谐的整体，任何一个环节遭到破坏，生态系统都有可能出现不平衡。

自然界的一切动物的存在都有各自的价值与意义。鸟以虫为食，鸟少了，害虫就会泛滥成灾，使农作物逐渐减产。

穿山甲为人类的贡献如此之大，却被人类残忍地剥鳞、肢解、吞食，视为人间美味。

穿山甲数量的急速减少致使白蚁失控，对森林、住宅、家

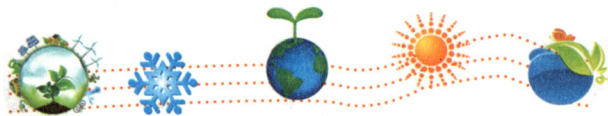

具、堤坝等无空不入，祸害无穷。

1995年，美国黄石公园展开打狼行动，以保护鹿的生存。当时，那里的狼几乎丧失殆尽。因为缺少天敌，不能优胜劣汰，鹿群大量繁衍，对森林和草地产生了极大的压力，比如黄石公园漂亮的白杨树让鹿啃食得枯黄；海獭等食草动物由于食物匮乏也慢慢在减少；与此同时，鹿群本身也陷入了饥饿和疾病的境地。

1929年的美国为了开凿韦兰运河，居然把内陆水系与海洋沟通，从而导致八目鳗进入内陆水系，使鳟鱼的年产量由原来的2000万公斤迅速减至5000公斤，严重破坏了内陆水产资源。

当今科学技术的先进手段令捕鱼速度和数量都高于海洋的天然补给能力，这样的结果使很多鱼类的数量急剧锐减，甚至到了灭绝

的边缘。如今海洋中鱼类的总数正在以每年1%的惊人速度下降。

人为因素是导致生态失去平衡的主要原因。在生态系统中，盲目增加或是减少一个物种，都有可能使生态平衡遭到破坏。

据国际有关部门统计称，自20世纪70年代以来，全球共发现的30多种传染病中，绝大多数都是由人类食用野生动物所致。因为这些动物自身携带着原虫、吸虫、绦虫、线虫等寄生虫类。

人类常食用的蛙、蛇、鸟、穿山甲等野生动物体内，普遍都存在着这些寄生虫类。

当人类把它吃进体内，极易诱发肺吸虫病等疾病。所以，保护野生动物不仅有利于摒除动物濒临绝迹的危机，也有利于人类的身体健康，是保证人类可持续发展的一项最重要的政策。

捕杀野生动物不仅是谋财害命，更是对生态平衡的破坏。人类对大自然生灵的态度常常是征服、利用，为了满足自己的一己之私利。但是人类却不知，这终将使人类自己也面临着严重的生存环境危机。

人类应该充分显示出均衡与和谐的大智慧，和自然界中的动物各安其所、互不干扰，实现自然界与人类的平衡。

全世界应积极行动起来，强化保护野生动物的法律意识，不乱捕、不滥杀、不乱食野生动物，做一个文明、守法的公民。拒绝非法销售野生动物及制成品，做一个环保的模范。

在线小知识

自然灾害

　　自然灾害是人类依赖的自然界中所发生的异常现象，包括台风、雷电、沙尘暴在内的突发性灾害，还有臭氧层变化、水体污染、水土流失、酸雨等人类活动导致的环境灾害。自然灾害对人类社会所造成的危害往往是触目惊心的。

台风

台风和飓风都是产生于热带洋面上的一种强烈的热带气旋，只是发生地点不同，叫法不同。在北太平洋西部、国际日期变更线以西，包括南中国海范围内发生的热带气旋称为台风；而在大西洋或北太平洋东部的热带气旋则称飓风，也就是说在美国一带称飓风，在菲律宾、中国、日本一带叫台风。

台风经过时常伴随着大风和暴雨天气。风向呈逆时针方向旋转。等压线和等温线近似为一组同心圆。中心气压非常低，而且气温比较高。

台风的形成

台风的产生必须具备特有的条件。

1．要有广阔的高温、高湿的大气。热带洋面上的底层大气的温度和湿度主要决定于海面水温，台风只能形成于海温高于26℃～27℃的暖洋面上。

2．要有低层大气向中心辐合、高层向外扩散的初始扰动。而且高层辐散必须超过低层辐合，才能维持足够的上升气流，低层扰动才能不断加强。

3．垂直方向风速不能相差太大，上下层空气相对运动很小，才能使初始扰动中水汽凝结所释放的潜热能集中保存在台风眼区的空气柱中，形成并加强台风暖中心结构。

4．要有足够大的地转偏向力作用，地球自转作用有利于气旋性涡旋的生成。地转偏向力在赤道附近接近于零，向南北两极增大，台风发生在大约离赤道5个纬度以上的洋面上。

台风的利弊

台风除了给登陆地区带来暴风雨等严重灾害外，同时它也会带来一定的好处。

据统计，包括我国在内的东南亚各国和美国，台风降雨量约占这些地区总降雨量的1/4以上。因此，如果没有台风，这些国家的农业困境不堪想象；此外，台风对于调剂地球热量、维持热平衡更是功不可没。众所周知热带地区由于接收的太阳辐射热量

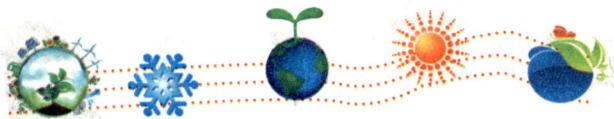

最多，因此气候也最为炎热，而寒带地区正好相反。由于台风的活动，热带地区的热量被驱散到高纬度地区，从而使寒带地区的热量得到补偿，如果没有台风就会造成热带地区气候越来越炎热，而寒带地区越来越寒冷，自然地球上温带也就不复存在了，众多的植物和动物也会因难以适应而将出现灭绝，那将是一种非常可怕的情景。

台风的防预

加强台风的监测和预报，是减轻台风灾害的重要的措施。对台风的探测主要是利用气象卫星。在卫星云图上，能清晰地看见台风的存在和大小。利用气象卫星资料，可以确定台风中心的位置，估计台风强度，监测台风移动方向和速度，以及狂风暴雨出现的地区等，对防止和减轻台风灾害起着关键作用。气象台的预报员，根据所得到的各种资料，分析台风的动向，登陆的地点和时间，及时发布台风预报，台风紧报或紧急警报，通过电视，广播等媒介为公众服务，同时为各级政府提供决策依据。发布台风预报或警报是减轻台风灾害的重要措施。

台风的结构和能量

台风在低层主要是流向低压的流入气流。由

于角动量平衡，在内区
产生很强的风速，在
高层是反气旋的气
流。上下层环流之

间通过强上升运动
联系起来，这是台风
环流的主要特征。

　　台风中最暖的温度是
由下沉运动造成的，它正出现在
眼壁的边缘以内，这里有最强的下沉运动。在台风低层最大风速
半径处，辐合最强，最大风速值半径的大小随高度变化，并位于
眼壁之中。另外台风结构的不对称性也是引人注意的特点。分析
表明，无论是在台风内区和外区都有明显的不对称性，这种不对
称性对于台风发展和动量及动能的输送等有重要的作用。

　　台风是大气中很强的动能源，因而从能量上台风对大气环流
的变化和维持应有重要的影响。在能量问题上有人还指出，角动
量的水平涡旋输送在台风外区很重要；另外，在外区动量的产生
和输送也很重要，它们在台风能量收支中不应加以忽略，这些都
与台风的不对称性有关。

在线小知识

　　关于"台风"的来历，一是由广东话
"大风"演变而来；二是由闽南话"风筛"演
变而来；三是荷兰人占领台湾期间根据希腊史诗
《神权史》中的人物泰丰Typhoon而命名。

雷电

雷电是伴有闪电和雷鸣的一种雄伟壮观而又有点令人生畏的放电现象。雷电一般产生于对流发展旺盛的积雨云中，因此常伴有强烈的阵风和暴雨，有时还伴有冰雹和龙卷风。

闪电的类型

曲折开叉的普通闪电称为枝状闪电。枝状闪电的通道如被风吹向两边，以致看来有几条平行的闪电时，则称为带状闪电。闪电的两枝如果看来同时到达地面，则称为叉状闪电。

闪电在云中阴阳电荷之间闪烁，而使该地区的天空一片光亮时，那便称为片状闪电。

未达到地面的闪电，也就是同一云层之中或两个云层之间的闪电，称为云间闪电。

有时候这种横行的闪电会行走一段距离，在风暴的较远处降落地面，这就叫作"晴天霹雳"。

闪电的电力作用有时会在又高又尖的物体周围形成一道光环似的红光。通常在暴风雨中的海上，船只的桅杆周围可以看见一道火红的光，人们便借用海员守护神的名字，把这种闪电称为"圣艾尔摩之火"。

超级闪电指的是那些威力比普通闪电大100多倍的稀有闪电。普通闪电产生的电力约为10亿瓦特，而超级闪电产生的电力则至少有1000亿瓦特，甚至可能达到万亿至100000亿瓦特。

袭击的时间

就在你阅读这篇文章的时候，世界各地的大气中大约出现1800次雷电交加的放电现象。它们每秒钟约发出600次闪电，其中有100次袭击地球。闪电可将空气中的一部分氮变成氮化合物，借雨水冲下地面。一年当中，地球上每一公顷土地都可获得几公斤这种从高空来的免费肥料。乌干达首都坎帕拉和印尼的爪哇岛，是最易受到闪电袭击的地方。据统计，爪哇岛有一年竟有300天发生闪电。而历史上最猛烈的闪电，则是1975年袭击津巴布韦乡村乌姆塔里附近一幢小屋的那一次，当时击死了21个人。

雷电的危害

闪电的受害者有2/3以上是在户外受到袭击的。他们每3个人中有两个幸存。在闪电击死的人中，85%是男性，年龄大都在10～35岁之间。死者以在树下避雷雨的最多。

苏利文也许是遭闪电袭击的冠军。他是退休的森林管理员，曾被闪电击中7次。闪电曾经烫焦他的眉毛，烧着他的头发，灼伤他的肩膀，扯走他的鞋子，甚至把他抛到汽车外面。他轻描淡

写地说："闪电总是有办法找到我。"

防雷击须知：雷电发生时产生的雷电流是主要的破坏源，其危害有直接雷击、感应雷击和由架空线引导的侵入雷击。如各种照明、电讯等设施使用的架空线都可能把雷电引入室内，所以应严加防范。雷击易发生的部位：缺少避雷设备或避雷设备不合格的高大建筑物、储罐等；没有良好接地的金属屋顶；潮湿或空旷地区的建筑物、树本等；由于烟气的导电性，烟囱特别易遭雷击；建筑物上有无线电而又没有避雷器和没有良好接地的地方。

预防雷电的方法

1. 建筑物上装设避雷装置。即利用避雷装置将雷电流引入大地而消失。

2. 在雷雨时，人不要靠近高压变电室、高压电线和孤立的高楼、旗杆等，更不要站在空旷的高地上或在大树下躲雨。

3．不能用有金属立柱的雨伞。在郊区或露天操作时，不要使用金属工具，如铁撬棒等。若是骑车旅游要尽快离开自行车，亦应远离其他金属制物体，以免产生导电而被雷电击中。

4．不要穿潮湿的衣服靠近或站在露天金属商品的货垛上。

5．雷雨天气时在高山顶上不要开手机，更不要打手机。雷雨天不要触摸和接近避雷装置的接地导线。

7．雷雨天，在户内应离开照明线、电话线、电视线等线路，以防雷电侵入被其伤害。

8．在打雷下雨时，严禁在山顶或者高丘地带停留，更要切忌继续蹬往高处观赏雨景，不能在大树下、电线杆附近躲避，也不要行走或站立在空旷的田野里，应尽快躲在低洼处，或尽可能找房屋或干燥的洞穴躲避。

9．在雷雨天气，不要去江、河、湖边游泳、垂钓等。当发生雷击时，旅伴应立即将病人送往医院。如果当时呼吸、心跳已经停止，应立即就地作口对口人工呼吸和胸外心脏按摩，积极进行现场抢救。千万不可因急着运送去医院而不作抢救，否则会贻误时机而致死。此外，要注意给病人保温。若有狂躁不安、痉挛抽搐等精神神志症状时，还要为其做头部冷敷。对电灼伤的局部，在急救条件下保持干燥或包扎即可。

在线小知识

从电闪雷鸣的形成和发生过程来看，空旷场地上、建筑物顶上、高大树木下是雷击事故多发区。雷雨天气发生时，要拔掉室内电视、天线电源的插头，防止空间电磁波干扰，造成不必要的损失。

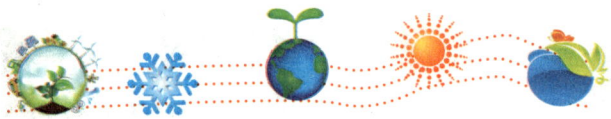

沙尘暴

沙尘暴是一种风与沙相互作用的灾害性天气现象，它的形成与地球温室效应、厄尔尼诺现象、森林锐减、植被破坏、物种灭绝、气候异常等因素有着不可分割的关系。其中，人口膨胀导致的过度开发自然资源、过量砍伐森林、过度开垦土地是沙尘暴频发的主要原因。

沙尘暴作为一种高强度风沙灾害，并不是在所有有风的地方都能发生，只有那些气候干旱、植被稀疏的地区，才有可能发生沙尘暴。在我国西北地区，森林覆盖率本来就不高，贫穷的西北人民还想靠挖甘草、搂发菜、开矿发财，这些掠夺性的破坏行为加剧了这一地区的沙尘暴灾害。

沙尘暴的分类

沙尘天气分为浮尘、扬沙、沙尘暴和强沙尘暴四类。

浮尘：尘土、细沙均匀地浮游在空中，使水平能见度小于10千米的天气现象。

扬沙：风将地面尘沙吹起，使空气相当混浊，水平能见度在1千米至10千米以内的天气现象。

沙尘暴：强风将地面大量尘沙吹起，使空气很混浊，水平能见度小于1千米的天气现象。

强沙尘暴：大风将地面尘沙吹起，使空气模糊不清，浑浊不堪，水平能见度小于500米的天气现象。

沙尘暴的危害

1.人畜死亡、建筑物倒塌、农业减产。沙尘暴对人畜和建筑物的危害绝不亚于台风和龙卷风。

近五年来，我国西北地区累计遭受到的沙尘暴袭击有20多次，造成经济损失12多亿元，死亡失踪人数超过200多人。

2.大气污染、表土流失。沙尘暴降尘中至少有38种化学元素，它的发生大大增加了大气固态污染物的浓度，给起源地、周边地区以及下风地区的大气环境、土壤、农业生产等造成长期的、潜在的危害。

在线小知识

亚洲沙尘暴活动中心主要在约旦沙漠、巴格达与海湾北部沿岸之间的下美索不达米亚、阿巴斯附近的伊朗南部海滨，稗路支到阿富汗北部的平原地带。

火山

火山概况

地壳之下100～150千米处，有一个"液态区"，区内存在着高温、高压下含气体挥发成分的熔融状硅酸盐物质，即岩浆。它一旦从地壳薄弱的地段冲出地表，就形成了火山。

在地球上的"死火山"约有2000座；已发现的"活火山"就更多了，其中陆地上有516154座、海底火山有5464座。

火山在地球上分布是不均匀的，它们都出现在地壳中的断裂带。就世界范围而言，火山主要集中在环太平洋一带和印度尼西亚向北经缅甸、喜马拉雅山脉、中亚细亚到地中海一带，现今地球上的活火山99%都分布在这两个带上。

火山出现的历史很悠久。有些火山在人类有史以前就喷发过，但现在已不再活动，这样的火山称之为"死火山"；不过有的"死火山"随着地壳的变动会突然喷发，人们称之为"休眠火山"；人类有史以来，时有喷发的火山，称为"活火山"。

火山活动能喷出多种物质，在喷出的固体物质中，一般有被爆破碎了的岩块、碎屑和火山灰等；在喷出的液体物质中，一般有熔岩流、水、各种水溶液以及水、碎屑物和火山灰混合的泥流等。除此之外，在火山活动中，还常喷射出可见或不可见的光、电、磁、声和放射性物质等，这些物质有时能致人于死地，或使电器、仪表等失灵，使飞机、轮船等失事。

　　许多书籍中都对火山喷发的情形作了详细的描述。例如，《黑龙江外传》记述了黑龙江五大连池火山群中两座火山喷发的情况："墨尔根（今嫩江）东南，一日地中出火，石块飞腾，声振四野，越数日火熄，其地遂成池沼。此康熙五十八年事。"

火山类型

根据火山活动情况的分类：

　　1．活火山：指现代尚在活动或周期性发生喷发活动的火山。这类火山正处于活动的旺盛时期。如爪哇岛上的梅拉皮火山，20世纪以来，平均间隔两二年就要持续喷发一个时期、我国近期火山活动以台湾岛大屯火山群的主峰七星山最为有名。

　　新疆昆仑山中段于田的卡尔达西火山群有过火山喷发记录。火山喷发形成了一个平顶火山锥，锥顶海拔7.719米。

2．死火山：指史前曾发生过喷发，但有史以来一直未活动过的火山。此类火山已丧失了活动能力。有的火山仍保持着完整的火山形态，有的则已遭受风化侵蚀，只剩下残缺不全的火山遗迹。我国山西大同火山群在方圆约1230平方千米的范围内，分布着99个孤立的火山锥。

3．休眠火山：指有史以来曾经喷发过，但长期以来处于相对静止状态的火山。此类火山都保存有完好的火山锥形态，仍具有火山活动能力，或尚不能断定其已丧失火山活动能力。

我国长白山天池，曾于1327年和1658年两度喷发，在此之前还有多次活动。目前虽然没有喷发活动，但从山坡上一些深不可测的喷气孔中不断喷出高温气体，可见该火山正处于休眠状态。

应该说明的是，这三种类型的火山之间没有严格的界限。休眠火山可以复苏，死火山也可以"复活"，相互间并不是一成不变的。过去一直认为意大利的维苏威火山是一个死火山，在火山

脚下，人们建筑起许多的城镇，在火山坡上开辟了葡萄园。在公元26年，维苏威火山突然爆发，高温的火山喷发物袭占了毫无防备的庞贝和赫拉古农姆两座古城；两座城市及居民全部毁灭和丧生。

根据火山喷发状况划分的喷发类型

火山作用受到岩浆性质、地下岩浆库内压力、火山通道形状、火山喷发环境（陆上或水下）等诸因素的影响，使得火山喷发具有下列类型：

1．裂隙式喷发。岩浆沿着地壳上巨大裂缝溢出地表，称为裂隙式喷发。这类喷发没有强烈的爆炸现象，喷出物多为基性熔浆，冷凝后往往形成覆盖面积广的熔岩台地。

分布于我国西南川滇黔三省交界地区的二迭纪峨眉山玄武岩和河北张家口以北的第三纪汉诺坝玄武岩都属裂隙式喷发。

现代裂隙式喷发主要分布于大洋底的洋中脊处。在大陆上只有冰岛可见到此类火山喷发活动，故又称为冰岛型火山。

2．中心式喷发。地下岩浆通过管状火山通道喷出地表，称为中心式喷发。这是现代火山活动的主要形式，又细分为三种：

一是宁静式。火山喷发时，只有大量炽热的熔岩从火山口宁静溢出，顺着山坡缓缓流动，好像煮沸了的米汤从饭锅里沸泻出来一样。溢出的以基性熔浆为主，熔浆温度较高，黏度小，易流动。含气体较少，无爆炸现象。夏威夷诸火山为其代表，又称为夏威夷型。

二是爆烈式。火山爆发时，产生猛烈的爆炸，同时喷出大量

的气体和火山碎屑物质。喷出的熔浆以中酸性熔浆为主。1568年6月25日，西印度群岛的培雷火山爆发就属此类，也称培雷型。

三是中间式。属于宁静式和爆烈式喷发之间的过渡型。此种类型以中基性熔岩喷发为主。爆炸时，爆炸力也不大。可以连续几个月，甚至几年，长期平稳地喷发，并以伴有间歇性的爆发为特征。以靠近意大利西海岸利帕里群岛上的斯特朗博利火山为代表。该火山大约每隔2～3分钟喷发一次，夜间在669公里以外仍可见火山喷发的光焰。故此又称斯特朗博利式。

3．熔透式喷发。岩浆熔透地壳大面积地溢出地表，称为熔透式喷发。这是一种古老的火山活动方式，现代已不存在。一些学者认为，在太古时代，地壳较薄，地下岩浆热力较大，常造成熔透式岩浆喷出活动。

火山的影响

最具威力、最壮观的火山爆发常常发生在俯冲带。这里的火山可能在沉寂达数百年之后再度爆发。一旦爆发，威力就特别猛烈。这样的火山爆发常常会给人类带来灭顶之灾。

1．影响全球气候。火山爆发时喷出的大量火山灰和火山气体，对气候造成极大的影响。

在这种情况下，昏暗的白昼和狂风暴雨，甚至泥浆雨都会困扰当地居民长达数月之久。火山灰和火山气体被喷到高空中去，它们就会随风散布到很远的地方。

这些火山物质会遮住阳光，导致气温下降。此外，它们还会滤掉某些波长的光线，使得太阳和月亮看起来就像蒙上一层光晕，或是泛着奇异的色彩，尤其在日出和日落时能形成奇特的自然景观。

2. 破坏环境。火山爆发喷出的大量火山灰和暴雨结合形成泥石流能冲毁道路、桥梁，淹没附近的乡村和城市，使得无数人无家可归。

泥土、岩石碎屑形成的泥浆可像洪水一般淹没整座城市。

岩石虽被火山灰云遮住了，但火山刚爆发时仍可看到被喷到半空中的巨大岩石。

3. 重现生机。火山爆发对自然景观的影响十分深远。土地是世界最宝贵的资源，因为它能孕育着各种动植物来供养万物。

如果火山爆发能给农田盖上不到20厘米厚的火山灰，对农民来说可真是喜从天降，因为这些火山灰富含养分，能使土地更加肥沃。

熔岩崩解后，杂草苔类开始冒出来。绳状熔岩流过的山坡长出蕨类植物。火山灰让周围的土地肥沃，当地的葡萄年年丰收。

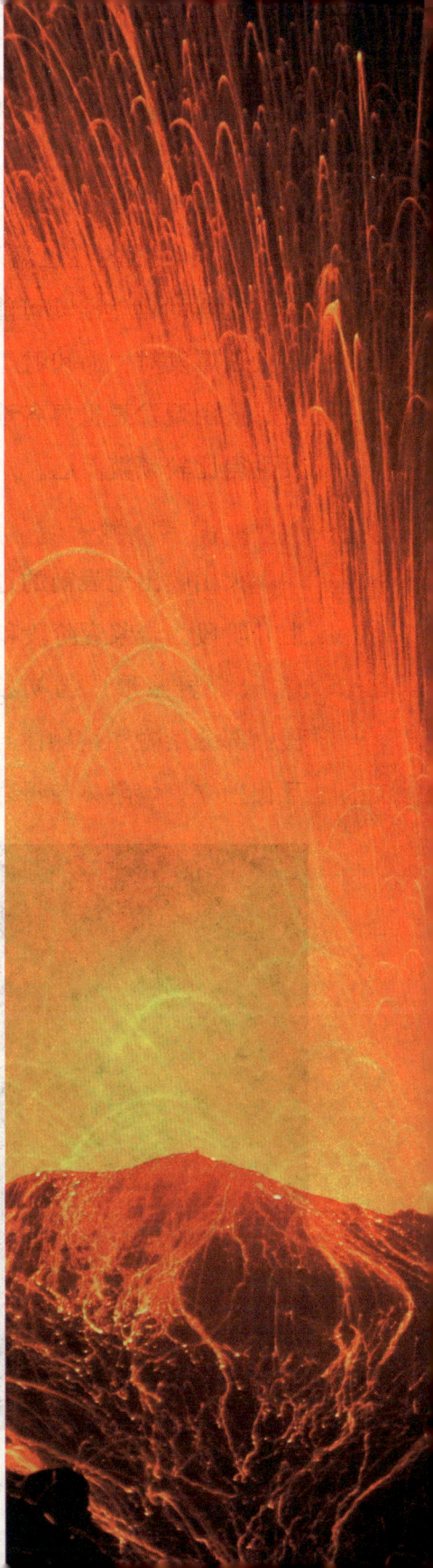

火山爆发呈现了大自然疯狂的一面。一座爆发中的火山，可能会流出灼热的红色熔岩流，或是喷出大量的火山灰和火山气体。这样的自然浩劫可能造成成千上万人伤亡的惨剧，不过大多数火山爆发对生命和财产只造成轻微的伤害。

火山爆发是世界各地都可能发生的自然灾害，只是有些地区发生得比较频繁而已。

火山喷发的过程

火山喷出地表前的过程归纳为三个阶段，即岩浆形成与初始上升阶段、岩浆囊阶段和离开岩浆囊到地表阶段。

1．岩浆形成与初始上升阶段。岩浆的产生必须有两个过程：部分熔融和熔融体与母岩分离。实际上这两种过程不大可能互相独立，熔融体与母岩的分离可能在熔融开始产生时就有了。

部分熔融是液体（即岩浆）和固体（结晶）的共存态，温度升高、压力降低和固相线降低均可产生部分熔融。当部分熔融物质随地幔流上升时，在流动中也会产生液体和固体的分离现象，从而产生液体的移动乃至聚集，称之为熔离。

2．岩浆囊阶段。岩浆囊是火山底下充填着岩浆的区域，是地壳或上地幔岩石介质中岩浆相对富集的地方。

一般视为与油藏类似的岩石孔隙（或裂隙）中的高温流体，通常认为在地幔柱内，岩浆只占总体积的5%～30%。

从局部看，可以视为内部相对流通的液态集合。岩浆是由岩浆熔融体、挥发物、以及结晶体组成的混合物。

3．离开岩浆囊到地表阶段。岩浆从岩浆源区一直到近地表的通路的上升，与岩浆囊的过剩压力、通道的形成与贯通、以及岩浆上升中的结晶、脱气过程有关。

当地壳中引张或引张—剪切应力大于当地岩石破裂强度时，便可能形成张性或张—剪性破裂。如若这些裂隙互相连通，就可以作为岩浆喷发的通道。

火山喷发可在短期内给人类和生命财产造成巨大的损失，它是一种灾难性的自然现象。然而火山喷发后，它能提供丰富的土地、热能和许多种矿产资源，还能提供旅游资源。

地 震

概述

地震就是地球表层的快速振动，在古代又称为地动。它就像刮风、下雨、闪电、山崩、火山爆发一样，是地球上经常发生的一种自然现象。

它发源于地下某一点，该点称为震源。振动从震源传出，在地球中传播。地面上离震源最近的一点称为震中，它是接受振动最早的部位。大地振动是地震最直观、最普遍的表现。在海底或滨海地区发生的强烈地震，能引起巨大的波浪，称为海啸。地震是极其频繁的，全球每年发生地震约500万次，对整个社会有着很大的影响。

地震现象

地震发生时，最基本的现象是地面的连续振动，主要是明显的晃动。极震区的人在感到大的晃动之前，有时首先感到上下跳动。这是因为地震波从地内向地面传来，纵波首先到达的缘故。横波接着产生大振幅的水平方向的晃动，是造成地震灾害的主要原因。

1960年智利大地震时，最大的晃动持续了3分钟。地震造成的灾害首先是破坏房屋等构筑物，造成人畜的伤亡，如1976年中国河北唐山地震中，70%～80%的建筑物倒塌，人员伤亡惨重。

地震对自然界景观也有很大影响。最主要的后果是地面出现断层和地裂缝。大地震的地表断层常绵延几十至几百千米，往往具有较明显的垂直错距和水平错距，能反映出震源处的构造变动特征。但并不是所有的地表断裂都直接与震源的运动相联系，它们也可能是由于地震波造成的次生影响。

特别是地表沉积层较厚的地区，坡地边缘、河岸和道路两旁常出现地裂缝，这往往是由于地形因素，在一侧没有依托的条件下晃动使表土松垮和崩裂。

地震的晃动使表土下沉，浅层的地下水受挤压会沿地裂缝上升至地表，形成喷沙冒水现象。

大地震能使局部地形改观，或隆起，或沉降；使城乡道路坼裂、铁轨扭曲、桥梁折断。

地震的术语和相关知识

地球的结构就像鸡蛋，可分为三层。中心层是"蛋黄"——

地核；中间是"蛋清"——地幔；外层是"蛋壳"——地壳。地震一般发生在地壳之中。地球在不停地自转和公转，同时地壳内部也在不停地变化。由此而产生力的作用，使地壳岩层变形、断裂、错动，于是便发生地震。

从震中到震源的距离叫震源深度。震源深度小于70千米的地震为浅源地震，在70～300千米之间的地震为中源地震，超过300千米的地震为深源地震。震源深度最深的地震是1963年发生的印度尼西亚伊里安查亚省北部海域的5.8级地震，震源深度786公里。对于同样大小的地震，由于震源深度不一样，震闪就会不一样，对地面造成的破坏程度也不一样。震源越浅，破坏性越大，

波及范围越小，反之亦然。

某地与震中的距离叫震中距。震中距小于100千米的地震称为地方震，在100～1000千米之间的地震称为近震，大于1000千米的地震称为远震，震中距越远的地方受到的影响和破坏越小。

地震所引起的地面振动是一种复杂的运动，它是由纵波和横波共同作用的结果。在震中区，纵波使地面上下颠动。横波使地面水平晃动。由于纵波传播速度较快，衰减也较快，横波传播速度较慢，衰减也较慢，因此离震中较远的地方，往往感觉不到上下跳动，但能感到水平晃动。

地震本身的大小，用震级表示。根据地震时释放的弹性波

能量大小来确定震级。我国一般采用里氏震级。通常把小于2.5级的地震叫小地震，2.5～4.7级地震叫有感地震，大于4.7级地震称为破坏性地震。震级每相差1级，地震释放的能量相差约30倍。比如说，一个7级地震相当于30个6级地震，或相当于900个5级地震，震级相差0.1级，释放的能量平均相差1.4倍。

当某地发生一个较大的地震时，在一段时间内，往往会发生一系列的地震，其中最大的一个地震叫作主震，主震之前发生的地震叫前震，主震之后发生的地震叫余震。

地震具有一定的时空分布规律。从时间上看，地震有活跃期和平静期交替出现的周期性现象。从空间上看，地震的分布呈一定的带状，称地震带，主要集中在环太平洋和地中海-喜马拉雅两大地震带。

太平洋地震带几乎集中了全世界80%以上的浅源地震（0～70千米），全部的中源（70～300千米）和深源地震，所释放的地震能量约占全部能量的80%。

地震时一定点地面震动强弱的程度叫地震烈度。我国将地震烈度分为12度。

震级与烈度，两者虽然都可反映地震的强弱，但含义并非一样。同一个地震，震级只有一个，但烈度却因地而异，不同的地方，烈度值不一样。

例如，1990年2月10日，常熟-太仓发生了5.1级地震。有人说在苏州是4级，在无锡是3级，这是错的。无论在何处，只能说常熟-太仓发生了5.1级地震，但这次地震，在太仓的沙溪镇地震

烈度是6度，在苏州地震烈度是4度，在无锡地震烈度是3度。

地震烈度是经常使用的一个名词，主要是说明已经发生的地震影响的程度。划分烈度有定性标准和定量标准。

地震起因

引起地球表层振动的原因很多，根据地震的成因，可以把地震分为以下几种：

1. 构造地震

由于地下深处岩层错动、破裂所造成的地震称为构造地震。这类地震发生的次数最多，破坏力也最大，约占全世界地震的90%以上。

2. 火山地震

由于火山作用，如岩浆活动、气体爆炸等引起的地震称为火

山地震。只有在火山活动区才可能发生火山地震。这类地震只占全世界地震的7%左右。

3．塌陷地震

由于地下岩洞或矿井顶部塌陷而引起的地震称为塌陷地震。这类地震的规模比较小，次数也很少，即使有，也往往发生在溶洞密布的石灰岩地区或大规模地下开采的矿区。

4．诱发地震

由于水库蓄水、油田注水等活动而引发的地震称为诱发地震。这类地震仅仅在某些特定的水库库区或油田地区发生。

5．人工地震

地下核爆炸、炸药爆破等人为引起的地面振动称为人工地震。人工地震是由人为活动引起的地震。如工业爆破、地下核爆炸造成的振动；在深井中进行高压注水以及大水库蓄水后增加了

地壳的压力，有时也会诱发地震。

破坏性地震一般是浅源地震。如1976年的唐山地震的震源深度为12公里。

20世纪以来的八大最强地震

苏门答腊岛附近海域2004年12月26日早上8时左右，发生里氏8.7级地震，这是自1900年以来人类历史上发生的八大最强烈地震之一。以下是八次大地震的基本情况(按震级排列)：

1．智利大地震(1960年5月22日)：里氏9.5级，发生在智利中部海域，并引发海啸及火山爆发。此次地震共导致5000人死亡，200万人无家可归。

2．美国阿拉斯加大地震(1964年3月28日)：里氏9.2级，引发海啸，导致125人死亡，财产损失达3.11亿美元。阿拉斯加州大部分地区、加拿大育空地区及哥伦比亚等地都有强烈震感。

3．美国阿拉斯加大地震(1957年3月9日)：里氏9.1级，发生在美国阿拉斯加州安德里亚岛及乌那克岛附近海域。地震导致休眠长达200年的维塞维朵夫火山喷发，并引发15米高的大海啸，影响远至夏威夷群岛。

4．印尼大地震(2004年12月26日)：里氏9.0级，发生在位于印尼苏门答腊岛上的亚齐省。地震引发的海啸席卷斯里兰卡、泰国、印度尼西亚及印度等国，导致约30万人失踪或死亡。

俄罗斯大地震(1952年11月4日)：里氏9.0级，此次地震引发的海啸波及夏威夷群岛，但没有造成人员伤亡。

5．厄瓜多尔大地震(1906年1月31日)：里氏8.8级，发生在

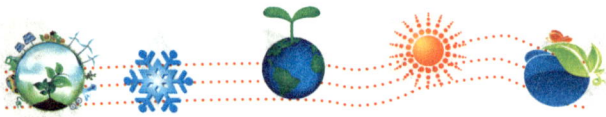

厄瓜多尔及哥伦比亚沿岸。地震引发强烈海啸，导致1000多人死亡。中美洲沿岸、圣–费朗西斯科及日本等地都有震感。

6．印尼大地震(2005年3月28日)：里氏8.7级，震中位于苏门答腊岛以北海域，离三个月前发生9.0级地震位置不远。造成1000人死亡，但并未引发海啸。

美国阿拉斯加大地震(1965年2月4日)：里氏8.7级，地震引发高达10.7米的海啸，席卷了整个舒曼雅岛。

7．中国西藏大地震(1950年8月15日)：里氏8.6级，2000余座房屋及寺庙被毁。至少有1500人死亡。这次大地震中，中印两国共死亡约4000人。

8．俄罗斯大地震(1923年2月3日)：里氏8.5级，发生在俄罗斯堪察加半岛。

俄罗斯千岛群岛（日本称北方四岛）大地震(1963年10月13日)：里氏8.5级，并波及日本及俄罗斯等地。

9. 2011年3月11日，日本福岛发生8级大地震。地震发生后随之而来的海啸造成了更大的破坏，给当地居民带来灾难外，还造成了可怕的核泄露。

在现代化城市中，如果地下管道破裂和电缆被切断，就会造成停水、停电和通讯受阻。如果煤气、有毒气体和放射性物质泄漏，则可导致火灾和毒物、放射性污染等次生灾害。

海 啸

海啸的成因

海啸是一种具有强大破坏力的海浪。当地震发生于海底，因震波的动力而引起海水剧烈的起伏，形成强大的波浪，向前推进，将沿海地带——淹没的灾害，称之为海啸。

海啸在许多西方语言中称为"tsunami"，词源自日语"津波"，即"港边的波浪"（"津"即"港"）。这也显示出了日本是一个经常遭受海啸袭击的国家。

海啸通常由震源在海底下50千米以内、里氏地震规模6.5以上的海底地震引起。海啸波长比海洋的最大深度还要大，在海底附近传播也没受多大阻滞，不管海洋深度如何，波都可以传播过去，海啸在海洋的传播速度大约每小时500～1000千米，而相邻两个浪头的距离也可能远达500～650千米。当海啸波进入陆棚后，由于深度变浅，波高突然增大，它的这种波浪运动所卷起的海涛，波高可达数十米，并形成"水墙"。

由地震引起的波动与海面上的海浪不同，一般海浪只在一定深度的水层波动，而地震所引起的水体波动是从海面到海底整个水层的起伏。

海啸同风产生的浪或潮是有很大差异的。微风吹过海洋，泛起相对较短的波浪，相应产生的水流仅限于浅层水体。猛烈的大风能够在辽阔的海洋卷起高度3米以上的海浪，但也不能撼动深

处的水。而潮汐每天席卷全球两次，它产生的海流跟海啸一样能深入海洋底部，但是海啸并非由月亮或太阳的引力引起，它由海下地震推动所产生，或由火山爆发、陨星撞击、或水下滑坡所产生。

海啸波浪在深海的速度能够超过每小时700千米，可轻松地与波音747飞机保持同步。虽然速度快，但在深水中海啸并不危险，低于几米的一次单个波浪在开阔的海洋中其长度可超过750千米，这种作用产生的海表倾斜如此之细微，以致这种波浪通常在深水中不经意间就过去了。海啸是静悄悄地不知不觉地通过海洋，然而如果出乎意料地在浅水中它会达到灾难性的高度。

海啸是一种具有强大破坏力的海浪。水下地震、火山爆发或水下塌陷和滑坡等大地活动都可能引起海啸。

地震发生时，海底地层发生断裂，部分地层出现猛然上升或者下沉，由此造成从海底到海面的整个水层发生剧烈"抖动"。

这种"抖动"与平常所见到的海浪大不一样。海浪一般只在海面附近起伏，涉及的深度不大，波动的振幅随水深衰减得很快。地震引起的海水"抖动"则是从海底到海面整个水体的波

动，其中所含的能量惊人。

海啸时掀起的狂涛骇浪，高度可达10多米至几十米不等，形成"水墙"。

另外，海啸波长很大，可以传播几千公里而能量损失很小。由于以上原因，如果海啸到达岸边，"水墙"就会冲上陆地，对人类生命和财产造成严重威胁。

在一次震动之后，震荡波在海面上以不断扩大的圆圈，传播到很远的距离，正像卵石掉进浅池里产生的波一样。

水下地震、火山爆发或水下塌陷和滑坡等激起的巨浪，在涌向海湾内和海港时所形成的破坏性的大浪称为海啸。破坏性的地震海啸，只在垂直断层、里氏震级大于6.5级的条件下才能发生。当海底地震导致海底变形时，变形地区附近的水体产生巨大波动，海啸就产生了。

海啸的传播速度与它移行的水深成正比。在太平洋，海啸的传播速度一般为每小时二三百千米到1000多千米。海啸不会在深海大洋上造成灾害，正在航行的船只甚至很难察觉这种波动。海啸发生时，越在外海越安全。

一旦海啸进入大陆架，由于深度急剧变浅，波高骤增，可达20～30米，这种巨浪可带来毁灭性灾害。

海啸来袭之前，海潮为什么先是突然退到离沙滩很远的地方，一段时间之后海水才重新上涨？

大多数情况下，出现海面下落的现象都是因为海啸冲击波的波谷先抵达海岸。波谷就是波浪中最低的部分。它如果先登陆，海面势必下降。同时，海啸冲击波不同于一般的海浪，其波长很大，因此波谷登陆后，要隔开相当一段时间，波峰才能抵达。

另外，这种情况如果发生在震中附近，那可能是另一个原因造成的：地震发生时，海底地面有一个大面积的抬升和下降。这时，地震区附近海域的海水也随之抬升和下降，然后形成海啸。

海啸的类型

海啸可分为4种类型。即由气象变化引起的风暴潮、火山爆发引起的火山海啸、海底滑坡引起的滑坡海啸和海底地震引起的地震海啸。中国地震局提供的材料说，地震海啸是海底发生地震时，海底地形急剧升降变动引起海水强烈扰动。其机制有两种形式："下降型"海啸和"隆起型"海啸。

"下降型"海啸：某些构造地震引起海底地壳大范围的急剧下降，海水首先向突然错动下陷的空间涌去，并在其上方出现海水大规模积聚，当涌进的海水在海底遇到阻力后，即返回海面产生压缩波，形成长波大浪，并向四周传播与扩散，这种下降型的海底地壳运动形成的海啸在海岸首先表现为异常的退潮现象。1960年智利地震海啸就属于此种类型。

"隆起型"海啸：某些构造地震引起海底地壳大范围的急剧上升，海水也随着隆起区一起抬升，并在隆起区域上方出现大规模的海水积聚，在重力作用下，海水必须保持一个等势面以达到相对平衡，于是海水从波源区向四周扩散，形成汹涌巨浪。这种隆起型的海底地壳运动形成的海啸波在海岸首先表现为异常的涨潮现象。1983年5月26日，日本海7.7级地震引起的海啸属于此种类型。

危害：剧烈震动之后不久，巨浪呼啸，以摧枯拉朽之势，越过海岸线，越过田野，迅猛地袭击着岸边的城市和村庄，瞬时人们都消失在巨浪中。

港口所有设施、被震塌的建筑物，在狂涛的洗劫下，被席卷一空。事后，海滩上一片狼藉，到处是残木破板和人畜尸体。地震海啸给人类带来的灾难是十分巨大的。目前，人类对地震、火山、海啸等突如其来的灾变，只能通过预测、观察来预防或减少它们所造成的损失，但还不能控制它们的发生。

国家海洋局海洋环境预报中心海洋环境预报室副主任于福江

介绍，我国位于太平洋西岸，大陆海岸线长达1.8万公里。但由于我国大陆沿海受琉球群岛和东南亚诸国阻挡，加之大陆架宽广，越洋海啸进入这一海域后，能量衰减较快，对大陆沿海的影响比较小。

因为地震波沿地壳传播的速度远比地震海啸波运行速度快，所以海啸是可以提前预报的。不过，海啸预报比地震探测还要难。因为海底的地形太复杂，海底的变形很难测得准。

海啸带来的灾难

当在海底以下50千米以内发生6.5级以上的海底地震时，就会出现海啸。

此外，水下或沿岸山崩或火山爆发也是引发海啸的主要因素。当一次震动过后，震荡波就会在海面上形成不断扩大的圆圈，它可以传播到很远的地方，这种波长比海洋的最大深度还要大，它的运动可以掀起狂涛骇浪，它卷起的海涛高度可达到数十米。在这种极大的能量面前，人类的任何制止行运都是毫无意义的，甚至说人类是没有任何办法的。

每一次海啸过后，都会造成生命和财产的严重损毁。然而海啸又属于自然灾害，人类要避免它几乎是办不到的。如果可以提前预测到，人类就可以在灾害来临之前逃生，但在海啸预测尚不完善的今天，人类只能听天由命，任凭海啸袭击。

近百年以来海啸对人类生命及财产造成了严重的摧残，下面是致使人类死亡过千的七次重大海啸：

1908年12月28日5点25分，意大利西西里岛的墨西拿市出现

由7.5级地震引发的海啸。此次海啸掀起高达12米的巨浪，造成了惊人的破坏。其中，墨西拿市在地震和地震引发的海啸中死亡就达8.2万人，而在西西里以及意大利其他南部地区更是造成了十几万人的死亡。这次灾难的发生，瞬间使海峡两岸的墨西拿市和卡拉布里亚市的建筑物变成了一片废墟。当时，墨西拿大主教也被埋在了倒塌的宫殿下，在5天以后才被营救出来。而就在此时，其他很多刚刚活着从废墟中爬出来的人转瞬间却又被涌进市区的巨浪卷走了。由于海浪的来回席卷，使整个墨西拿市区、港口以及周边40多个村庄都遭受到了洗劫。更糟糕的是随之而来的饥饿和疾病夺走了更多人的生命。这就是欧洲历史上死亡人数最多的一次灾难性海啸。

1933年3月2日，日本三陆近海发生的地震，其震级为8.9级，是历史上震级最强的一次。此次地震引发海啸浪高达29米，

死亡人数3000人。

1959年10月30日，在墨西哥由地震引发海啸，继而由海啸引发山体滑坡，造成5000人死亡。

1960年5月21日到27日，智利中南部的海底发生了20世纪以来震级最大的震群型地震，引发了巨大的海啸。其中最大震级为8.9级；这次地震还引发了严重的次生灾害。在智利附近的海面上形成了高达30米的海浪。使周围房屋、建筑物被席卷不计其数，使智利一座城市中的一半建筑物成为瓦砾，沿岸100多座防波堤坝被冲毁，2000余艘船只被毁，损失高达5.5亿美元，造成了数万人死亡和失踪，使200万人无家可归。此外，海浪以时速600～700千米的速度扫过太平洋，刹那，人们被卷入巨浪中，有的是被卷进海洋的深处，有的则被巨浪抛到天空中，还有的被汹涌的波涛拥上堤岸。海浪在袭击日本时仍高达4米，导致日本800人死亡，1000多所住宅被冲走，2万多亩良田被淹没，15万人无家可归。面对海啸，人们是那么的无能为力。

1976年8月16日，菲律宾莫罗湾海啸，造成了8000人丧生。可见海啸带给人类的灾难之重。

1998年的7月份，因两个7.0级海底地震导致巴布亚新几内亚约2100人丧命。当月17号，非洲巴布亚新几内亚海底地震引发的49米巨浪海啸，造成2200人死亡，使数千人无家可归。

2004年12月26日上午9点，在印度尼西亚苏门答腊岛以北印度洋海域发生了8.5级强烈地震，并引发了大规模的海啸，为此，东南亚和南亚数个国家受殃及，导致重大的人员伤亡，据统

计，伤亡人数为：

1．印尼受袭最为严重，造成近24万人死亡或失踪。

2．泰国证实罹难者总人数为5393人，失踪人数新增加3071人，其中多于1000人为外国人。

3．斯里兰卡的受袭仅次于印尼，受难者总人数为30957人，失踪者人数为5637人。

4．印度的官方统计丧生10749人，失踪人数5640人。

5．缅甸则有61人在海啸中死亡；联合国估测该国死亡人数为90人。

6．马尔代夫有82人罹难，失踪人数新增加26人。

7．马来西亚有68人受难，大多数为槟榔屿群众；孟加拉国则有2人死亡。

……

　　海啸给人类带来的灾难是非常严重的。面对如此巨大的灾难，人类却束手无策。目前可以做的只能是通过预测、观察来预防或减少它们所造成的损失。

　　海啸在世界各地发威，一次又一次地袭击着人类，使人类承受着它带来的一切灾难，人命的殒灭、家园的毁灭，这些在人类眼中视为最重要的东西，都在它轻而易举的发作之下倾然倒下，最终留给人类的是狼藉的现实。当灾难发生时，世界各国的政府、民间以及各个国际组织，都会不约而同地前来救助支援。这是目前人类面对灾难惟一的对付方式。

　　虽然每一场灾难过后，受灾国都会受到民间、各国和国际社会间的积极救援。就如在印度尼西亚海域发生的海啸来说，当得知灾情发生后，各国都采取了积极的援救，印尼总统苏西洛立马指示全国对灾区实施救援，同时命令印尼军方派出通

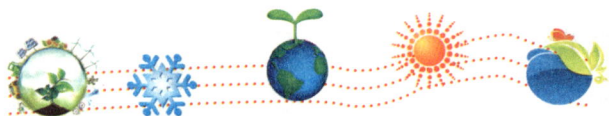

信、工程和卫生兵对灾区展开了援救。一场大灾过后，往往
会有各种疫情和疾病的暴发，这些预防虽然都可以得到有效的
防护，可那些被海啸带走的生命与财物是永远也无法得到恢复
的。

　　灾难过后，所有的难民大都是海啸灾难的幸存者。许多人都
带有不同程度的伤情。在被海啸吞噬家园后的恶劣环境下，不仅
患者的病情难以得到有效治疗，甚至很有可能会使没有受伤的难
民们感染某种疾病。对于这些，人类又能如何制止呢？救助工作
相对于损失而言不过是杯水车薪罢了。

　　1946年夏威夷发生海啸后，美国就建立了海啸预警系统。该
系统可以监测到海底地质结构的变化，然后将数据传送到预警中
心。之后，又成立了国际太平洋海啸组织，有22个国家加入了该
组织。随后前苏联、日本、美国阿拉斯与夏威夷也先后拥有了自

已的海啸预警系统。由于有了这些海啸预警系统，在一定程度上减少了海啸的灾害。现在，科学技术突飞猛进，很多问题都可以科学预防，可对于海啸来说，还是一个尚待解决的问题。

这是人类的悲哀。灾难的时间也许极为短暂，但是就是在那以分秒计算的一瞬间，无数的生命因此而殒落，无数的家园被无情的摧毁。灾难告诫我们在自然面前应保持必要的谦卑与敬畏，而不是把它作为一个任意索取的对象或者一个可以"战胜"的对手。

虽然我们可以上天入地，但人类并非上帝，在赖以生存的星球面前，人类还是脆弱的，地球环境哪怕一点微小的突然变化，足以让我们遭遇灭顶之灾。人类是伟大的，但在灾难的面前，人类却是渺小的，灾难一旦形成，人类即使竭尽全力也难以阻挡。

海啸过后，残留的不仅是伤痛和狼籍，还留给人类深刻的反思……

在线小知识

海啸只是大自然惩罚人类的一种手段。倘若我们执迷不悟，继续破坏大自然，那将会有更大、更多的灾难……大自然已经给人类敲响了警钟，人类该为自己的明天考虑。

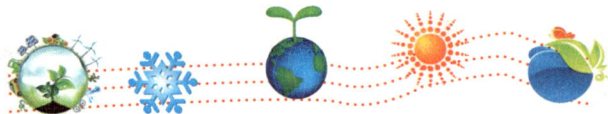

海冰

海冰指直接由海水冻结而成的咸水冰，亦包括进入海洋中的大陆冰川（冰山和冰岛）、河冰及湖冰。

咸水冰是固体冰和卤水（包括一些盐类结晶体）等组成的混合物，其盐度比海水低2～10‰，物理性质（如密度、比热、溶解热、蒸发潜热、热传导性及膨胀性）不同于淡水冰。

海冰的抗压强度主要取决于海冰的盐度、温度和冰龄。通常新冰比老冰的抗压强度大，低盐度的海冰比高盐度的海冰抗压强度大，所以海冰不如淡水冰密度坚硬。

一般情况下，海冰坚固程度约为淡水冰的75%，人在5厘米厚的河冰上面可以安全行走，而在海冰上面安全行走则要有7厘米厚的冰。

当然，冰的温度愈低，抗压强度也愈大。1969年渤海特大冰封时期，为解救船只，空军曾在60厘米厚的堆积冰层上投放30公斤炸药包，结果还没有炸破冰层。

海冰的分类和分布

海冰其按形成和发展阶段分为：初生冰、尼罗冰、饼冰、初期冰、一年冰和多年冰。

按运动状态分为固定冰和浮（流）冰。固定冰与海岸、岛屿或海底冻结在一起，当潮位变化时，能随之发生升降运动。多分布于沿岸或岛屿附近，其宽度可从海岸向外延伸数米至数百千

米，海面以上高于2米的固定冰称为冰架；浮（流）冰自由漂浮于海面，随风、浪、海流而漂泊。

海水具有显著的季节和年际变化。北半球冰界以3～4月最大（面积约1100万平方千米），8～9月最小（约700～800万平方千米），流冰群主要绕洋盆边缘流动，多为3～4米厚的多年冰。

南半球冰区以9月最大（面积1880万平方千米），3月最小（面积约260万平方千米），多为2～3米厚的"一冬冰"。

海冰对海洋水文要素的垂直分布、海水运动、海洋热状况及大洋底层水的形成有重要影响；对航运、建港也构成一定威胁。

我国渤海和黄海北部，每年冬季皆有不同程度的结冰现象，且冰缘线与岸线平行；常年冰期约3～4个月，盛冰期固定冰宽200～2000米。冰厚：北部多为20～40厘米，南部10～30厘米，

对航行及海洋资源开发影响不大。

"海冰惹的祸"

漂浮在海洋上的巨大冰块和冰山，受风力和洋流作用而产生的运动，其推力与冰块的大小和流速有关。

1971年冬，我国渤海湾新"海二并"平台观测报告：一块6000米见方，高度为1.5米的大冰块，在流速不太大的情况下，其推力可达4000吨，足以推倒石油平台等海上工程建筑物。

海冰对港口和海上船舶的破坏力，除上述推压力外，还有海冰胀压力造成的破坏。

经计算，海冰温度降低15℃时，1000米长的海冰就能膨胀出

0．45米，这种胀压力可以使冰中的船只变形而受损；此外，还有冰的竖向力，当冻结在海上建筑物的海冰，受潮汐升降引起的竖向力，往往会造成建筑物基础的破坏。

1912年4月，"泰坦尼克"号客轮撞击冰山，遭到灭顶之灾，是20世纪海冰造成的最大灾难之一。

在线小知识

我国1969年渤海特大冰封期间，流冰摧毁了由15根锰钢板制作的空心圆筒桩柱全钢结构的"海二井"石油平台，另一个重500吨的"海一井"平台支座拉筋全部被海冰割断。

洪　水

洪水，由暴雨、急骤融冰化雪、风暴潮等自然因素引起的江河湖海水量迅速增加或水位迅猛上涨的水流现象，会淹没堤岸滩涂，甚至漫堤泛滥成灾。

当流域内发生暴雨或融雪产生径流时，都依其远近先后汇集于河道的出口断面处。当近处的径流到达时，河水流量开始增加，水位相应上涨，这时称洪水起涨。

自古以来洪水给人类带来很多灾难，如黄河和恒河下游常泛滥成灾，造成重大损失。但有的河流洪水也给人类带来一些利益，如尼罗河洪水定期泛滥给下游三角洲平原农田淤积肥沃的泥沙，有利于农业生产。

洪水分类

雨洪水：在中低纬度地带，洪水的发生多由雨形成。大江大河的流域面积大，且有河网、湖泊和水库的调蓄，不同场次的雨在不同支流所形成的洪峰，汇集到干流时，各支流的洪水

过程往往相互叠加，组成历时较长涨落较平缓的洪峰。小河的流域面积和河网的调蓄能力较小，一次雨就形成一次涨落迅猛的洪峰。

山洪：山区溪沟，由于地面和河床坡降都较陡，降雨后产流、汇流都较快，形成急剧涨落的洪峰。

泥石流：雨引起山坡或岸壁的崩坍，大量泥石连同水流下泄而形成。

融雪洪水：在高纬度严寒地区，冬季积雪较厚，春季气温大幅度升高时，积雪大量融化而形成。

冰凌洪水：中高纬度地区内，由较低纬度地区流向较高纬度地区的河流（河段），在冬春季节因上下游封冻期的差异或解冻期差异，可能形成冰塞或冰坝而引起。

溃坝洪水：水库失事时，存蓄的大量水体突然泄放，形成下游河段的水流急剧增涨甚至漫槽成为立波向下游推进的现象。冰川堵塞河道、壅高水位，然后突然溃决时，地震或其他原因引起的巨大土体坍滑堵塞河流，使上游的水位急剧上涨，当堵塞坝体被水流冲开时，在下游地区也形成这类洪水。

湖泊洪水：由于河湖水量交换或湖面大风作用或两者同时作用，可发生湖泊洪水。吞吐流湖泊，当入湖洪水遭遇和受江河洪水严重顶托时常产生湖泊水位剧涨，因盛行风的作用，引起湖水运动而产生风生流，有时可达5~6米，如北美的苏必利尔湖、密歇根湖和休伦湖等。

天文潮：海水受引潮力作用，而产生的海洋水体的长周期波

动现象。海面一次涨落过程中的最高位置称高潮，最低位置称低潮，相邻高低潮间的水位差称潮差。加拿大芬迪湾最大潮差达19.6米，中国杭州湾的澉浦最大潮差达8.9米。

风潮：台风、温带气旋、冷锋的强风作用和气压骤变等强烈的天气系统引起的水面异常升降现象。它和相伴的狂风巨浪可引起水位涨，又称风潮增水。

海啸：是水下地震或火山爆发所引起的巨浪。

洪水是指特大的径流而言。这种径流往往因河槽不能容纳而泛滥成灾。根据洪水形成的水源和发生时间，一般可将洪水分为春季融雪洪水和暴雨洪水两类。一般洪水：重现期小于10年；较大洪水重现期10～20年；大洪水重现期20～50年；特大洪水重现期超过50年。

洪水与灾情

长江洪水：1998年汛期，长江上游先后出现8次洪峰并与中下游洪水遭遇，形成了全流域型大洪水。

洪水过程：6月12～27日，受暴雨影响，鄱阳湖水系暴发洪水，抚河、信江、昌江水位先后超过历史最高水位；洞庭湖水系的资水、沅江和湘江也发生了洪水。两湖洪水汇入长江，致使长江中下游干流监利以下水位迅速上涨，从6月24日起相继超过警戒水位。

6月28日至7月20日，主要雨区移至长江上游。7月2日宜昌出现第一次洪峰，流量为5.45万立方米每秒。监利、武穴、九江等水文站水位于7月4日超过历史最高水位。

　　7月18日宜昌出现第二次洪峰，流量为5.59万立方米每秒。在此期间，由于洞庭湖水系和鄱阳湖水系的来水不大，长江中下游干流水位一度回落。

　　7月21～31日，长江中游地区再度出现大范围强降雨过程。7月21～23日，湖北省武汉市及其周边地区连降特大暴雨；

　　7月24日，洞庭湖水系的沅江和澧水发生大洪水，其中澧水石门水文站洪峰流量1.99万立方米每秒，为20世纪第二位大洪水。与此同时，鄱阳湖水系的信江、乐安河也发生大洪水；

　　7月24日宜昌出现第三次洪峰，流量为5.17立方米每秒，长江中下游水位迅速回涨。7月26日之后，石首、监利、莲花塘、螺山、城陵机、湖口等水文站水位再次超过历史最高水位。

　　8月份，长江中下游及两湖地区水位居高不下，长江上游又

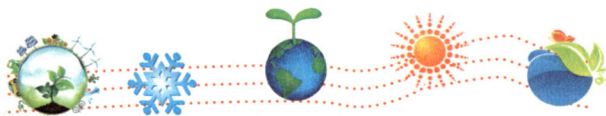

接连出现5次洪峰，其中8月7～17日的10天内，连续出现3次洪峰，致使中游水位不断升高。

8月7日宜昌出现第四次洪峰，流量为6.32万立方米每秒。

8月16日宜昌出现第六次洪峰，流量6.33万立方米每秒，为1998年的最大洪峰。

这次洪峰在向中下游推进过程中，与清江、洞庭湖以及汉江的洪水遭遇，中游各水文站于8月中旬相继达到最高水位。

干流沙市、监利、莲花塘、螺山等水文站洪峰水位分别为45.22米、38.31米、35.80米和34.95米，分别超过历史实测量高水位0.55米、1.25米、0.79米和0.77米。

汉口水文站20日出现了1998年最高水位29.43米，为历史实测记录的第二位，比1954年水位仅低0.30米。随后宜昌出现的第七次和第八次洪峰均小于第六次洪峰。

洪水量级

洪峰流量和洪水总量是衡量洪水量级大小的主要指标。长江中下游防洪特点是：城陵矶以上长江干流河段防洪主要以洪峰流量控制；城陵矶以下河段由于有洞庭湖、鄱阳湖等通江湖泊的调节作用，防洪主要以洪量控制。

洪水量级的划分：水文要素重现期小于5年的洪水，为小洪水；水文要素重现期大于等于5年，小于20年的洪水，为中等洪水；水文要素重现期为大于等于20年，小于50年的洪水，为大洪水。水文要素重现期大于50年的洪水，为特大洪水。

洪水一词，在中国出自先秦《尚书·尧典》。该书记载了4000多年前黄河的洪水。公元前206-公元1949年间，在1092年有较大水灾的记录。

环境保护

　　环境保护是指人类为解决存在的或潜在的环境问题，协调人类与环境的关系，保障经济社会的持续发展而采取的各种行动的总称。其方法和手段有工程技术的、行政管理的，也有法律的、经济的、宣传教育的等。

自然环境

自然界

生物群落在一定范围和区域内相互依存，同时与各自的环境不断地进行物质交换和能量传递，从而形成一个动态系统。它们依靠物质的循环、能量的流动，有机地结合在一起，形成一个四位一体的自然界。

生态系统

由生产者、消费者、分解者和非生命物质四部分组成。它们各自发挥着特定的作用并形成整体功能，使整个生态系统正常运行。生产者是指绿色植物，消费者主要是指动物，分解者是指具

有分解能力的各种微生物，非生命物质，是指生态系统的各种无生命的无机物和各种自然因素。

生态系统的范围可大可小，相互交错，最大的生态系统是生物圈；最为复杂的生态系统是热带雨林生态系统，

生态平衡

生态系统也像人一样，有一个从幼年期、成长期到成熟期的过程。生态系统发展到成熟阶段时，它的结构、功能，包括生物种类的组成、生物数量比例以及能量流动、物质循环，都处于相对稳定的状态，这就叫作生态平衡。当生态系统处于平衡状态时，系统内各组成成分之间保持一定的比例关系。

自然界的物质循环

生物有机体由40多种元素组成，其中碳、氢、氧、硫、磷是最主要的元素，它们都来源于环境，构成生态系统中的生物个体和生物群落。

生产者把无机物转化为有机物，给消费者消耗；消费者产生的废弃物及生产者的残体被分解者消化，又转化为无机物，返回环境，供植物重新利用。地球上无数个这样的物质循环，汇合成生物圈的总的物质循环。

以生物圈的碳循环为例：绿色植物的光合作用就会把二氧化碳从大气中取走，从而合成碳水化合物贮存在体内，食草和食肉动物吸收这种营养物质。

生活环境

城市

具有一定人口规模，以非农业人口为主的居民点。城市是人类走向成熟和文明的标志，也是人类群居生活的高级形式。

城市通常是周围地区的政治、经济、文化中心，是商品和信息的集散地。

随着工业的发展，农村人口大量向城市转移、聚集，这是衡量国家经济发展状况的一个重要标志。但城市规模的扩大带来的城市病，也应引起人们的高度重视。

汽车

汽车作为现代化的交通工具，为人们生活带来了方便，但汽车多了，排出的尾气也就多。

尾气含有一氧化碳、碳氢化合物、氮氧化物、硫氧化物、铅化合物等有害气体。汽车还是最严重的铅污染源。

声音

引起听觉的感知现象。声源从发声的物体以声波的形式传出，通过固体或液体、气体传播，声波振动内耳的小骨，这些振动被转化为微小的电子脑波，成为我们觉察到的声音。

不是所有的声波人类都能听到，正常人能够听见20Hz到2万Hz的声音。

人类是生活在一个声音的环境中，通过声音进行交谈，表达

思想感情以及开展各种各样的活动。如果声音超过一定的限度，就会成为噪声。

能源

向自然界提供能量转化的物质。能源是人类活动的物质基础，人类社会的发展离不开优质能源的出现和先进能源技术的使用。在当今世界，能源的发展、能源和环境是全世界、全人类共同关心的问题，也是我国社会经济发展的重要问题。

凡是可以不断得到补充或能在较短周期内再产生的能源称为再生能源，反之称为非再生能源。

一般来说，风能、水能、海洋能、潮汐能、太阳能和生物质能等都是可再生能源；煤、石油和天然气等都是非再生能源。

衣食住行

泛指穿衣、吃饭、住房、行路等生活上的基本需要。衣食住

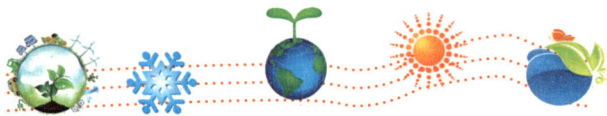

行的变化反映社会的发展水平。

筚路蓝缕，人们终于享受到了现代文明的舒适和华贵，生活水平的提高反过来促进了人类体质的增强。

然而，由于科技越发展，人们接触到的各种物理、化学的产品越多，给人们带来的危害也就越多。如今，从衣服鞋帽至饮食器具，从塑料制品、化妆品至家具、洗涤剂等，都与化学品有关。

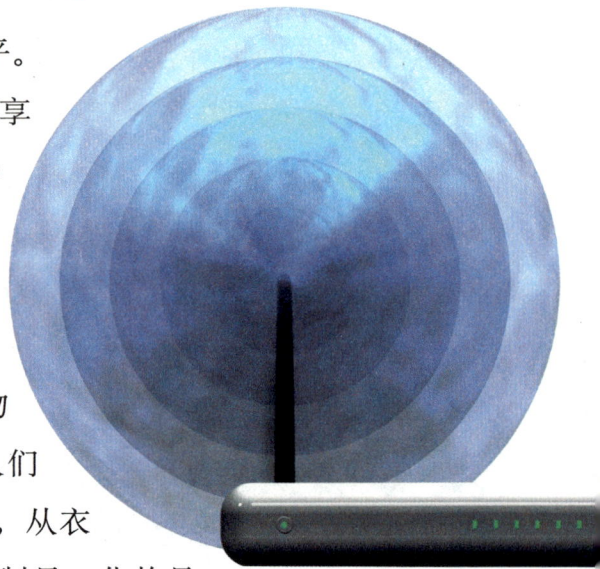

温室效应

指大气通过对辐射的选择吸收而使地面温度上升的效应。二氧化碳气体对太阳光的透射率较高，而对红外线的吸收力却较强。随着工业燃料的大量消耗，大气中二氧化碳成分增加，致使通过大气照射到地面的太阳光增强；同时地球表面升温后辐射的红外线也较多地被二氧化碳吸收，从而构成保温层。

温室效应会导致冰山融化、海平面上升，气候异常等众多变化。自工业革命以来，大气的温室效应不断增强，已引起全球气候变暖等一系列严重问题，引起了全世界各国的关注。

次声波

频率小于20Hz的声波叫作次声波。次声波不容易衰减，不易被水和空气吸收，次声波的波长很长，因此能绕开某些大型障碍

物发生衍射。

次声波会干扰人的神经系统正常功能，危害人体健康，危险时可致人死亡。次声波在自然界中存在十分广泛，火山爆发、地震、海啸、雷电和台风等现象都伴有次声波的产生。研究自然次声的特性和产生机制，可以辅助预测自然灾害性事件。

电磁辐射

指在射频条件下，电磁波向外传播过程中存在的电磁能量发射现象。电磁辐射是以一种看不见、摸不着的特殊形态存在的物质。人类生存的地球本身就是一个大磁场，它表面的热辐射和雷电都可产生电磁辐射，太阳及其他星球也从外层空间源源不断地产生电磁辐射。电子设备工作时产生的电磁辐射也是无孔不入的。电磁辐射是一种复合的电磁波，以相互垂直的电场和磁场随时间的变化而传递能量。

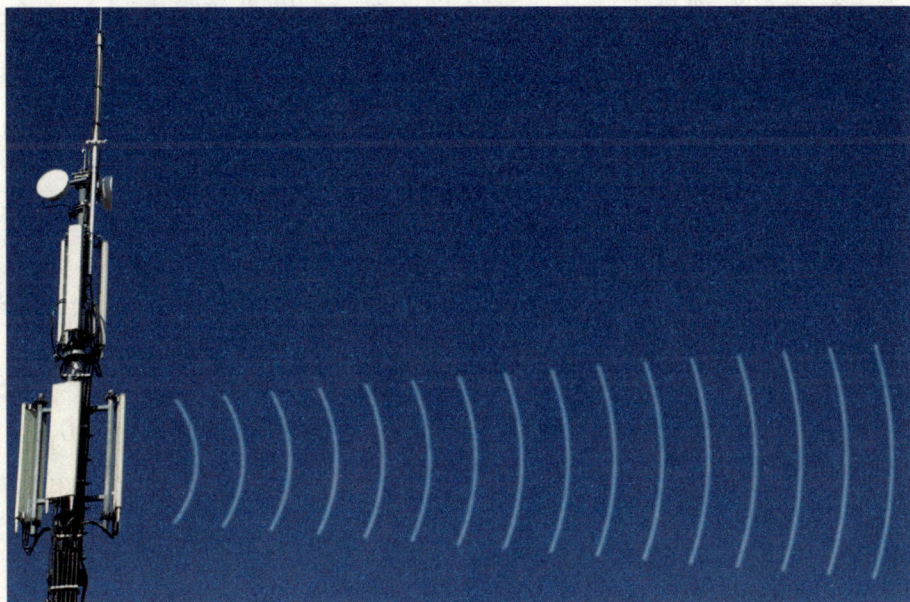

人体生命活动包含一系列的生物电活动，这些生物电对环境的电磁波非常敏感，因此，电磁辐射可以对人体造成影响和损害。电磁污染已成为全球性的公害。

紫外线

电磁波谱中波长从10nm至400nm辐射的总称，是一种不可见光。1801年，德国物理学家里特发现在日光光谱的紫端外侧一段能够使含有溴化银的照相底片感光，因而发现了紫外线的存在。

在现代生活中，紫外线用于杀菌消毒以及治疗各种疾病；但过量的紫外线照射却会损害人体健康，如紫外线过量照射会诱发皮肤癌。

自然界的主要紫外线光源是太阳，太阳光透过大气层时部分被大气层中的臭氧吸收掉。人工的紫外线光源有多种气体的电弧。紫外线荧光作用强，日光灯、各种荧光灯和农业上用来诱杀害虫的黑光灯都是用紫外线激发荧光物质来发光的。

空气湿度

表示大气干燥程度的物理量，在一定的温度下在一定体积的空气里含有的水汽越少，空气就越干燥；水汽越多，空气就越潮湿。

它与人类的生活环境关系密切。湿度太大，人们会感到沉闷和窒息，也容易使东西霉烂；湿度过小，人们的口腔、鼻孔又会感到干燥难受。最适宜人类生活的相对湿度是在30%至75%的范围内。据调查资料表明，许多长寿者都生活在湿度适宜的生活环境中。空气湿度是气象学、水文学的重要指标，也

是农业生产和食物储存的重要条件。

磁场

人类早已习惯生活在强度稳定于22.28A／m至56.5A／m的地磁场中。如果生活环境中的磁场强度发生剧烈变化，人体就会产生不同程度的异常反应。对磁场作用敏感的人，在磁场作用下，很容易出现头痛、耳鸣、急躁等病症。

物态变化

由于构成物质的大量分子在永不停息地做着无规则热运动，并且不同的分子做热运动的速度不同，就形成了物质的三种状态：固态、液态和气态。

物质的状态称为物态，物态变化是指物质从一种状态变化到另一种状态的过程。气态继续加温会变成等离子态，这是气体在约几百万摄氏度的极高温或在其他粒子强烈碰撞下所呈现出的另一种物态。

在线小知识

空气负离子：一种带负电荷的空气离子，它可以增强人体的造血功能和一些细胞的活力。吸入这样的空气就会感到精神愉快、情绪轻松、周身舒服、疲劳消除等快意。

环境污染

陆源污染

指陆地上产生的污染物进入海洋后对海洋环境造成的污染及其他危害。陆源型污染、海洋型污染、大气型污染构成海洋的三大污染源。陆源污染物质种类最广，数量最多，对海洋环境的影响最大。

海洋污染

人类直接或间接地把物质或能量引入海洋环境，以致发生损害生物资源、损害海水使用素质和降低或毁坏环境质量等危害，主要是从油船与油井漏出来的原油、农田用的杀虫剂和化肥、工厂排出的污水、矿场流出的酸性溶液。

大气污染

通常是指由于人类活动或自然过程引起某些物质进入大气中，呈现出足够的浓度，达到足够的时间，并因此危害人体的健康或引起环境污染的现象。

大气污染主要来

源于人类的活动，特别是工业和交通运输。大气污染不仅对人体健康产生危害，也对工农业生产以及气候和生态环境产生不良影响。目前，世界各国已采取各种措施，开展污染治理，限制二氧化碳的排放量。

土壤污染

近年来，由于人口急剧增长，工业迅猛发展，固体废物不断向土壤表面堆放和倾倒，有害废水不断向土壤中渗透，大气中的有害气体及飘尘也不断随雨水降落在土壤中，导致了土壤污染。

凡是妨碍土壤正常功能，降低农作物产量和质量，并通过粮食、蔬菜、水果等间接影响人体健康的物质，都叫作土壤污染物。土壤污染物分为四类：化学污染物、物理污染物、生物污染物、放射性污染物。

为了控制和消除土壤的污染，首先要控制和消除土壤污染源，加强对工业“三废”的治理，合理施用化肥和农药。

噪声污染

因自然过程或人为活动引起各种不需要的声音，并超过了人类所能允许的程度，以致危害人畜健康的现象。从生理学观点来看，凡是干扰人们休息、学习和工作的声音，即不需要的声音，统称为噪声。

当噪声对人及周围环境造成不良影响时，就形成噪声污染。一般声音达到80分贝或以上就会被判定为噪声。在85分贝以上的噪声环境中，噪声性耳聋发病率可达到50%。噪声污染与水污染、大气污染被看成是世界范围内三个主要环境问题。

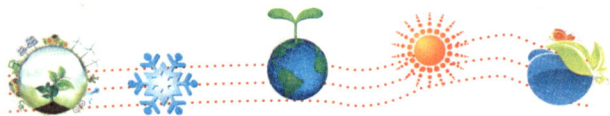

白色污染

白色污染是人们对难降解的塑料垃圾污染环境现象的一种形象称谓。它是指用聚苯乙烯、聚丙烯、聚氯乙烯等高分子化合物制成的各类生活塑料制品，使用后被弃置成为固体废物。由于随意乱丢乱扔，难于降解处理，以致造成城市环境严重污染的现象。因塑料用包装材料多为白色，所以叫"白色污染"。

白色污染的主要来源有食品包装、泡沫塑料填充包装、快餐盒、农用地膜等。废旧塑料包装物混在土壤中，影响农作物吸收养分和水分，导致农作物减产。目前，防治白色污染的措施有废旧塑料回收、采用新技术生产可降解包装物等。

太空污染

人类发射的火箭散失在太空的碎片和零部件、人造卫星爆炸或故障而抛撒于太空的碎片以及寿命已尽的卫星残骸等，都是太

空垃圾。太空垃圾以每年约10%的速度增加。由于空间垃圾和航天器之间的速度一般为几千米每秒至几十千米每秒，因此，即使轻微碰撞，也会造成航天器的损坏。

水污染

污染物进入水体，使水质恶化，降低水的功能及其使用价值的现象。人类的活动会使大量的工业、农业和生活废弃物排入水中，使水受到污染。目前，全世界每年有4200多亿立方米的污水排入江河湖海，污染5.5万亿立方米的淡水，这相当于全球径流总量的14%以上。日趋加剧的水污染，已对人类的生存安全构成重大威胁，成为人类健康、经济和社会可持续发展的重大障碍。我国的辽河、海河、淮河污染最为严重。国家已经采取一系列措施治理水污染。

农药污染

主要指农药及其在自然环境中的降解产物污染大气、水体和土壤，并破坏生态系统，引起人和动植物的急性或慢性中毒的一种有机污染。

造成污染的农药主要是有机氯农药，含铅、砷、汞等物质的金属制剂，以及某些特异性除草剂。

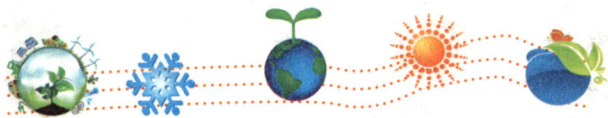

清除蔬菜瓜果上残留农药的方法有浸泡水洗法、小苏打溶液浸泡法、去皮法、储存法、加热法。

食品污染

指各种食品，如粮食、水果、蔬菜、鱼、肉等，在生产、运输、包装、贮存、销售、烹调过程中，混进了有害有毒物质或者病菌的现象。食品污染可分为生物性污染和化学性污染两大类。

生物性污染是指有害的病毒、细菌、真菌，以及寄生虫污染食品。

化学性污染是由有害有毒的化学物质污染食品引起的污染。

防止食品污染，不仅要注意饮食卫生，还要从生产、运输、加工、贮藏、销售等环节着手。

垃圾污染

包括工业废渣污染和生活垃圾污染两类。工业废渣是指工业生产、加工过程中产生的废弃物。生活垃圾主要是厨房垃圾、废塑料、废纸张、碎玻璃、金属制品等。垃圾侵占土地、堵塞江湖、有碍卫生、影响景观、污染

大气、危害农作物生长及人体健康。垃圾处理已成为城市环境综合整治中的紧迫问题。

放射性污染

人类活动排放出的放射性污染物，使环境的放射性水平高于自然本底或超过国家规定的标准。

放射物质可以通过空气、饮用水、食物链等多种途径进入人体，能使人的身体致残，诱发恶性肿瘤、白血病以及各种传染性疾病等。

放射性污染源有原子能工业排放的废物、核武器试验的沉降物、医疗放射源、科研放射源等。

生物污染

未经处理的生活污水、医院污水、工厂废水、垃圾和人畜粪便排入水体或土壤，可使水、土环境中虫卵、细菌数和病原菌数量增加，威胁人体健康。

环境污染分类：按环境要素分，有大气污染、环境污染、土壤污染、固体污染。按造成环境污染的性质来源分，有化学污染、生物污染、物理污染、固体废物污染、能源污染。

在线小知识

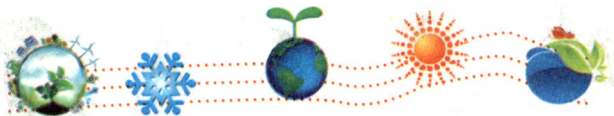

环境效应

环境异常

一切有生命的物质都需要一个正常的自然环境。这种正常的自然环境条件一旦被破坏，生物和人群就会出现各种病变，最终危及生命。人们把自然环境条件改变的现象称为环境异常。

臭氧层破坏

臭氧是大气中的微量元素，是一种具有微腥臭、浅蓝色的气体。臭氧主要密集在离地面20千米至25千米的平流层内，从而形成臭氧层。

臭氧层阻挡了太阳99%的紫外线辐射，保护地球上的生灵万物。臭氧层浓度每减少1%，太阳紫外线辐射增加2%，皮肤癌就会增加7%。目前有科学数据证明，由于人类活动的影响，臭氧层正受到严重破坏。

洪旱灾害

指由于自然和人为原因导致洪涝和干旱，并给人类造成重大损失的自然灾害。

自然灾害的形成除地球本身运动规律外，也与人类破坏森林导致土壤涵养水源减少有关。

受气候地理条件影响，我国的洪涝灾害具有范围广、发生频繁、突发性强、损失大的特点。

土地荒漠化

荒漠化是指在干旱、半干旱和某些半湿润、湿润地区，由于气候变化和人类活动等各种因素所造成的土地退化。它使土地生物和经济生产潜力减少，甚至基本丧失。土地荒漠化是自然因素和人为活动综合作用的结果。荒漠化的主要影响是土地生产力的下降和随之而来的农牧业减产。

环境效应有三种：生物效应是环境诸要素变化而导致生态系统变化的效果。环境化学效应是物质之间的化学反应所引起的环境效果。环境物理效应是物理作用引起的环境效果。

在线小知识

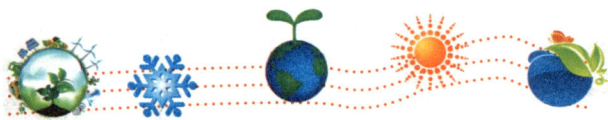

地球环境保护

水土流失治理

目前我国水土流失面积达150万平方千米，平均每年流失约50亿吨土壤，尤以黄土高原水土流失最为严重。因此，防止水土流失、开展水土保持工作，在我国具有特别重大的意义。

污水处理厂

从污染源排出的污水，因含污染物总量或浓度较高，达不到排放标准要求或不适应环境容量要求，从而降低水环境质量和功能目标时，需经过人工强化处理的场所进行处理，这个场所就是污水处理厂，又称污水处理站。

森林的保护

长期以来，人类对森林无节制地砍伐，加上战争和自然灾害，使世界森林横遭破坏，其面积由800万平方千米锐减为现在

的280万平方千米，而且森林面积目前正以每年20万平方千米的数量消失。挽救森林，就是挽救人类。

　　我国于1984年颁布了《森林法》。1987年国务院环境保护委员会发布了《中国自然保护纲要》，对林区采取了禁伐措施。此后，人工造林面积逐年增加，森林覆盖率2010年达到20%。

防护林体系

　　我国有许多防护林体系，最大的是"三北"防护林体系。所谓"三北"是指东北、华北、西北，共涉及12个省、市、自治区的466个县，总面积389万平方千米，约占我国陆地总面积的40.5%。防护林体系建设在保护好现有森林植被的基础上，大力开展造林育林，采取人工造林、飞机播种造林、封山封沙育林育草等多种途径，有计划、有步骤地营造防风固沙林、水土保持林、牧场防护林、水源涵养林，以及薪炭林、经济林、用材林多林种相结合，实行乔木、灌木、草本植物相结合，林带、林网、片林相结合，农林牧协调发展的防护林体系。

发展植物园

植物园是保存植物，特别是保存濒危植物的好地方。植物园集中种植各种草木花卉，是活的植物标本馆，是植物科研和科普教育的基地。植物园分综合、专科两大类。

世界现有高等植物近30万种，未知的种类更多，要建立无所不包的大型综合植物园是不可能的。新建的植物园多以专科为主，以求专、深，老的植物园也在原有的综合性的基础上，有所侧重。

我国多数植物园收集有2000种至3000种植物，其中上海植物园保存的植物最多，达5000多种。大多数植物园建在城市近郊，植被覆盖极高，模仿自然生态环境，也成为人们良好的旅游目的地。

垃圾分类

将垃圾按可回收再使用和不可回收再使用的分类法称为垃圾分类。人类每日都会产生大量的垃圾，大量的垃圾未经分类回收再使用并任意弃置会造成环境污染。现今我国的生活垃圾一般可分为四大类：可回收垃圾、厨余垃圾、有害垃圾和其他垃圾。垃圾分类收集可以减少垃圾处理量和处理设备，降低处理成本，减少土地资源的消耗，具有社会、经济、生态三方面的效益。

垃圾处理

垃圾是人类日常生活和生产中产生的固体废弃物，由于排出量大，成分复杂多样，给处理和利用带来困难，如不能及时处理或处理不当，就会污染环境，影响环境卫生。

垃圾处理就是要把垃圾迅速清除，并进行无害化处理，最后加以合理地利用。目前的垃圾处理方法主要有综合利用、卫生填埋、焚烧发电、堆肥和资源返还等，目的是无害化、资源化和减量化。

世界水日

为满足人们日常生活、商业和农业对水资源的需求，联合国长期以来致力于解决因水资源需求上升而引起的全球性水危机。

1993年1月18日，第四十七届联合国代表大会决定，每年的3月22日为"世界水日"。以此增强公众保护水资源意识，节约用水，不要让最后一滴水成为我们地球人懊悔的眼泪！

低碳环保生活

200多年来，随着工业化进程的深入与发展，大量温室气体，尤其是二氧化碳的排出，导致全球气温升高、气候发生变化。世界气象组织公布的《2011年全球气候状况》报告指出，近10年是有记录以来全球最热的10年。全球变暖使南极冰川开始融化，进而导致海平面升高。

低碳环保生活是新的生活理念，是指尽量减少生活所耗用的能量，从而减低二氧化碳的排放量，减少对大气的污染，减缓生态恶化。主要是从节电、节气和回收三个环节来改变生活细节。

有机食品

指来自有机农业生产体系，根据有机农业生产的规范生产加工，并经独立的认证机构认证的农产品及其加工产品。绿色食品是我国政府主推的一个认证农产品，有绿色AA级和A级之分，而其AA级的生产标准基本上等同于有机农业标准。绿色食品是普通耕作方式生产的农产品向有机食品过渡的一种食品形式。有机食品是食品行业的最高标准。

目前，经有关部门认证的有机食品主要包括一般的有机农作物产品、有机茶产品、有机食用菌产品、有机畜禽产品、有机水产品、有机蜂产品、有机奶粉、采集的野生产品以及用上述产品为原料的加工产品。

节能减排

有广义和狭义定义之分。从广义上来说，节能减排是指节约物质资源和能量资源，减少废弃物和环境有害物包括"三废"和噪声等的排放；从狭义上来说，节能减排是指节约能源和减少环境有害物排放。

我国的节能工作采取技术上可行、经济上合理以及环境和社会可以承受的措施，加强用能管理，从能源生产到消费的各个环节，降低消耗、减少损失和污染物排放、制止浪费，有效、合理地利用能源。

乙醇汽油

乙醇，俗称酒精。乙醇汽油是一种由粮食及各种植物纤维加工成的燃料乙醇和普通汽油按一定比例混配形成的新型替代能源。按照我国的国家标准，乙醇汽油是用90%的普通汽油与10%的燃料乙醇调和而成。乙醇可以有效改善油品的性能和质量，降低一氧化碳、碳氢化合物等主要污染物排放。

但是近年来的实践证明，它也有过度消耗粮食、与人争食的不良后果。这在人口不断增加、粮食日趋紧缺的今天，是一个应该重视的问题。

太阳能汽车

相比传统热机驱动的汽车，太阳能汽车是真正的零排放。正因为其环保的特点，太阳能汽车被诸多国家所提倡；太阳能汽车产业的发展也日益蓬勃。

太阳能发电在汽车上的应用，将能够有效降低全球环境污染，创造洁净的生活环境。

随着全球经济和科学技术的飞速发展，太阳能汽车作为一个产业已经不是一个神话。

但在目前，由于技术限制，对太阳能的利用效率还不能完全满足汽车动力的需求，这限制了太阳能汽车的发展。

环保袋

环保袋应该有两方面的特点：一方面就是用天然材料做成的可以重复利用；另一方面就是，坏了以后不会在自然环境中残留固体废物对环境造成危害。

一般的塑料袋丢弃在环境中很难降解，即使有少部分分解之后也会产生有害物质。

燃料电池

一种将存在于燃料与氧化剂中的化学能直接转化为电能的发电装置。燃料和空气分别送进燃料电池，电就被奇妙地生产出

来。它从外表上看有正负极和电解质等，像一个蓄电池，但实质上它不能"储电"而是一个"发电厂"。其有害气体及噪音排放都很低，二氧化碳排放因能量转换效率高而大幅度降低，无机械振动，已被用于汽车用动力。

地球一小时

世界自然基金会在2007年向全球发出的一项倡议，呼吁个人、社区、企业和政府在每年3月份的最后一个星期六熄灯一小时，以此来激发人们对保护地球的责任感，以及对气候变化等环境问题的思考，表明对全球共同抵御气候变暖行动的支持和关注。其目的是让个人、家庭和企业尽可能多的参与进来，关闭灯光和其他电器一个小时，使大家明白如何遏制气候变暖。

对自然环境的保护：包括对青山、绿水、蓝天、大海的保护。不能滥伐树木、不能乱排污水、不能过度放牧、不能过度开发自然资源、不能破坏自然界的生态平衡等。

在线小知识

生态环境保护

人与生物圈计划

生物圈保护区是按照地球上不同生物地理省建立的全球性的自然保护网。世界人与生物圈委员会把全世界分成193个生物地理省，从中选出各种类型的生态系统作为生物圈保护区。其目的是通过保护各种类型生态系统来保存生物遗传的多样性。

建立生态农场

生态农场是保护环境、发展农业的新模式。它遵循生态平衡规律，在持续利用的原则下开发利用农业自然资源，进行多层次、立体、循环利用的农业生产，使能量和物质流动在生态系统中形成良性循环。

生态农场既是生产的单位，又是环境净化和保护的单位。如中国广东珠江三角洲的桑基鱼塘、蔗基鱼塘、果基鱼塘等均为在长期的农业生产实践中所创造的一种生态农场的雏型。

退耕还林

退耕还林地是指水土流失严重、产量低而不稳的坡耕地和沙化耕地。

退耕还林就是从保护和改善生态环境出发，将易造成水土流失的坡耕地有计划、有步骤地停止耕种，本着宜乔则乔、宜灌则灌、宜草则草，乔灌草结合的原则，因地制宜地造林种草，恢复林草植被。

退耕还林工程建设包括两个方面的内容：一是坡耕地退耕还林，二是宜林荒山荒地造林。

退耕还林是我国实施西部开发战略的重要政策之一，其基本政策措施是"退耕还林，封山绿化，以粮代赈，个体承包"。

地衣的种植

地衣是真菌和光合生物之间稳定而又互利的联合体，真菌是主要成员。地衣对污染物十分敏感，被称为毒气自动检测站。

全世界已描述的地衣有500多属、2.6万多种。从两极至赤道，由高山到平原，从森林到荒漠，到处都有地衣生长。

我国地衣资源相当丰富，人们食用和药用地衣的历史悠久。地衣营养价值较高，内含多种氨基酸、矿物质，并且钙含量之高是蔬菜中少见的。

生态效率

生态效率是生态资源满足人类需要的效率，它是产出与投入的比值。其中"产出"是指企业生产或经济体提供的产品和服务的价值；"投入"是指企业生产或经济体消耗的资源和能源及它们所造成的环境负荷。在生物学中，生态效率是指生态系统中各营养级生物对太阳能或其前一营养级生物所含能量的利用、转化效率，以能流线上不同点之间的比值来表示。生态效率一般分为两类：一类是本营养级与前一级相比；另一类是同一营养级内不同阶段间相比。

保护生物

地球是一切生物的共同家园。生物链是地球生态平衡的保障，人类也只是地球生物链中的一环。只有保护好生物，维持地球生态平衡，人类才能有和谐的家园。目前，一些种类的生物资源由于人类的过度开采和栖息环境的改变而日趋减少。为了永续利用，造福后代，各国政府正在采取有效措施保护生物资源的可持续发展。

我国在拯救濒危野生生物方面作出了巨大贡献，60多种濒危

珍稀野生动物人工繁殖成功，但我国在保护和合理利用生物多样性方面还需继续努力。

保护野生植物

有一种植物消失了，以这种植物为食的昆虫就会消失。某种昆虫没有了，捕食这种昆虫的鸟类将会饿死；鸟类的死亡又会对其他动物产生影响。所以，大规模野生植物毁灭会引起一系列连锁反应，产生严重后果，所以保护野生植物是维护地球生态平衡的重要环节。

保护野生动物

《中华人民共和国野生动物保护法》规定珍贵、濒危的陆生、水生野生动物和有益的或者有重要经济和科学研究价值的陆生野生动物受国家法律保护，所以滥食野生动物是违法行为。

保护野生动物就是保护人类自己。保护野生动物应该成为人们一种自觉的行为。

在线小知识

生态袋是一种最有效的绿化方式，它能在多雨季节基质层不会被冲刷和流失，可有效防止山体滑坡。生态袋采用特殊配方材料，不帮助菌类生长，不腐烂，不发霉，不变质。

环境污染事件

北美死湖事件

美国东北部和加拿大东南部是西半球工业最发达的地区，每年向大气中排放二氧化硫达2500多万吨。其中约有380万吨由美国飘到加拿大，100多万吨由加拿大飘到美国。20世纪70年代开始，这些地区出现了大面积酸雨区，酸雨比番茄汁还要酸，多个湖泊池塘漂浮死鱼，湖滨树木枯萎。

"卡迪兹号"油轮事件

1978年3月16日，美国22万吨的超级油轮"卡迪兹号"，在法国布列塔尼海岸触礁沉没，泄漏原油22.4万吨，污染了350

千米长的海岸带。其中仅牡蛎就死掉9000多吨，海鸟死亡2万多吨。海事本身损失1亿多美元，污染的损失及治理费用却达5亿多美元，而给被污染区域的海洋生态环境造成的损失难以估量。

墨西哥湾井喷事件

1979年6月3日，墨西哥石油公司在墨西哥湾南坎佩切湾尤卡坦半岛附近海域的"伊斯托克1号"平台，钻机打入水下3625米深的海底油层时，突然发生严重井喷原油泄漏，使这一带的海洋环境受到严重污染。

在受污染海域的656类物种中，已造成大约28万只海鸟，数千只海獭、斑海豹、白头海雕等动物死亡，将有10种动物面临生存威胁，3种珍稀动物面临灭顶之灾。

墨西哥湾大量漏油，路易斯安那州周围海域和沿岸大部分区域被封锁，导致无法捕鱼。漏油事件对墨西哥湾的生态环境提出了严峻挑战。

库巴唐死亡谷事件

在巴西热带郁郁葱葱的群山峻岭的掩映中，坐落着一个令巴西人闻之色变的城市——库巴唐。

20年前，数十个在这个城市里出生的婴儿竟然没有脑子，库巴唐在一夜之间得到了一个充满恐惧的外号——死亡之谷。

20世纪60年代这里引进炼油、石化、炼铁等外资企业300多家。企业主随意排放废气废水，谷地浓烟弥漫，有20%的人得了呼吸道过敏症，医院挤满了接受吸氧治疗的儿童和老人，使2万多贫民窟居民严重受害。

印度博帕尔公害事件

1984年12月3日凌晨，坐落在印度博帕尔市郊的联合碳化杀虫剂厂一座存贮45吨异氰酸甲酯贮槽的安阀出现毒气泄漏事故。一小时后有毒烟雾袭向这个城市，形成了一个方圆25千米的毒雾笼罩区。

首先是近邻的两个小镇上，有数百人在睡梦中死亡。一周后，有2500人死于这场污染事故，另有1000多人危在旦夕，3000多人病入膏肓。

在这一污染事故中，有15万人因受污染危害而进入医院就诊。事故发生4天后，受害的病人还以每分钟一人的速度增加。这次事故还使20多万人双目失明。

切尔诺贝利核漏事件

1986年4月27日早晨，苏联乌克兰切尔诺贝利核电站一组反应堆突然发生核漏事故，引发了一系列严重后果。核事故使乌克兰地区10%的小麦受到影响。此外，由于水源污染，苏联和欧洲国家的畜牧业大受其害。

大量的核辐射造成数百万人无家可归，当地寸草不生。直至现在仍有大量的儿童得白血病，当地也被人们称为"鬼城"！

雅典紧急状态事件

1989年11月2日，希腊首都雅典市中心大气质量监测站显示，空气中二氧化碳浓度超过国家标准，随即发出危险信号。

希腊政府当即宣布雅典进入紧急状态，禁止所有私人汽车在市中心行驶，并令熄灭所有燃料锅炉，主要工厂削减燃料消耗量50%，学校一律停课。中午，二氧化碳浓度增至631毫克/立方米，超过历史最高纪录。一氧化碳浓度也突破危险线。许多市民出现头疼、乏力、呕吐、呼吸困难等中毒症状，市区到处响起救护车的呼啸声。这次事件给当地市民的生活带来了极大的伤害。

在线小知识

环境污染的防治：每一个环境污染的实例，都是大自然对人类敲响的一次警钟。为了保护生态环境，维护人类自身和子孙后代的健康，必须积极防治环境污染。

自然遗产保护

大熊猫栖息地

我国的世界自然遗产包括卧龙、四姑娘山、夹金山脉，面积9245平方千米。这里生活着30%以上的野生大熊猫，是最大、最完整的大熊猫野生栖息地，也是全球除热带雨林以外植物种类最丰富的区域之一。

黄龙风景名胜区

位于四川省西北部，是由众多雪峰和我国最东部的冰川组成的山谷。在这里，人们可以找到高山景观和各种不同的森林生态系，以及壮观的石灰岩构造、瀑布和温泉。这一地区还生存着许多濒临灭绝的动物，包括大熊猫和四川疣鼻金丝猴。

丹霞地貌

由陆相红色砂砾岩构成的具有陡峭坡面的各种地貌形态。形成的必要条件是砂砾岩层巨厚，垂直节理发育。因在我国广东省仁化县丹霞山有典型发育而得名。丹霞地貌主要分布在中国、美国西部、中欧和澳大利亚等地，以我国分布为最广。

我国有790余处红色砂岩地貌景观，可能是唯一拥有暖湿和干旱丹霞地貌完整发育序列和完整地貌类型的国家，因而在我国大部分的保护区中都包含有丹霞地貌景观，包括贵州赤水、福建泰宁、广东丹霞山、江西龙虎山和浙江江郎山。

三清山

位于我国江西省上饶市玉山县与德兴市交界处，距玉山县城50千米，距上饶市78千米，为怀玉山脉主峰。因玉京、玉虚、玉华"三峰峻拔，如三清列坐其巅"而得其名，三峰中以玉京峰为最高，海拔1819.9米，是江西第五高峰，也是信江的源头。2008年第三十二届世界遗产大会将三清山列入世界自然遗产。

南方喀斯特

我国已申请成为世界自然遗产的"中国南方喀斯特"是由我国云南石林、贵州荔波、重庆武隆共同组成的，其中云南石林为我国AAAA级景区，2007年6月27日在第三十一届世界遗产大会上被评选为世界自然遗产，当时是获得全票通过的。

喀斯特地貌即岩溶地貌，是发育在以石灰岩和白云岩为主的碳酸盐岩上的地貌。我国喀斯特有面积大、地貌多样、典型、生物生态丰富等特点。

沙巴神山

沙巴州是马来西亚面积第二大的州，位于东马，在婆罗洲的北部，以前被称为北婆罗洲。

沙巴地处热带，常年温度在23℃～32℃之间，几乎没有变化，任何时候都可以进行各种水上活动。山脉地带则比较凉爽，比如东南亚第一高峰京那巴鲁山，位于沙巴东海岸内陆地区，山高4095米，是马来西亚的名胜之一。2000年被列入世界遗产名录。

沙巴州共占地754平方千米，生态保护得非常好，从热带植物到寒带植物，可以说世界上再也找不到这样一个植物生态的会合地。有很多大自然爱好者慕名而来，研究和欣赏种类繁多的自然资源。这里也是马来西亚第一处被评为世界自然遗产的胜地。

格邦国家公园

　　越南格邦国家公园，中心区面积857.54平方千米，缓冲区面积1954平方千米。成立此国家公园是为了保护该地区的岩溶地貌，其中包括300个洞穴，这是世界最大的两个岩溶地貌之一。此外，该公园还保存了北中部安南山脉生态系统。2003年6月5日在第二十七届世界遗产大会上被列入世界遗产。

图巴塔哈群礁海洋公园

　　位于菲律宾苏鲁海中央、公主港市东南方，是一个原始的环状珊瑚岛礁，周围有近百米长的垂直峭壁、礁湖和两个珊瑚岛。这里是东南亚最大的珊瑚生成水域，其珊瑚之美丽多姿更是别处无法比拟的。这里自然条件优越，生活着种类丰富的海洋生物，仅鱼类就有379种。岛上没有永久性居民，捕鱼季节到来时，人

们就在岛上搭建临时帐篷。

图巴塔哈群礁海洋公园平均海拔高度在2米至10米以下，总面积约为3.32万公顷，创建于1988年8月11日，属于国家的一部分，并于1993年被列为世界文化遗产。

科莫多国家公园

为了保护世界上体形最大的蜥蜴——科莫多巨蜥，印度尼西亚政府于1980年在东部建立了科莫多国家公园。1991年公园被列入《世界自然遗产名录》。该公园四周环水，风景宜人，占地21万多公顷，由科莫多岛和林卡岛及一些小岛组成。

科莫多国家公园的主人之一是科莫多蜥蜴。在普勒尤-科莫多岛上的观测点可以很轻松地捕捉到它的踪迹。目前这个地方的蜥蜴数量不少于3000只。

朱迪鸟类国家保护区

塞内加尔朱迪鸟类国家公园位于塞内加尔河三角洲上，距首都达喀尔以北370千米处，保护区面积1.6万公顷，水面800多公顷，是世界第七大鸟类自然保护区，也是世界鸟类科研基地。

这里水草丰盛，环境优美，富有原始的自然风貌，是鸟类生息繁衍的乐园。现有水禽300多种数百万只，其中三分之二是来自西北欧的候鸟。由于这里的自然条件越来越好，到这里越冬的候鸟逐年增加，使其成为鸟类的乐园。

孙德尔本斯红树林

位于孟加拉西部的库林纳地区，恒河、布拉马普特拉河与梅克纳河三大河冲击而成的三角洲上，占地面积1330平方千米，是世界上最大的红树林之一。红树林对稳定海岸带土地具有重要作用。红树林里水陆交接，形成一处处神奇的风景。穿过红树林，可以看到在河里游泳的孟加拉虎、懒洋洋地晒太阳的鳄鱼、阴暗处纳凉的鹿群、欢叫跳跃的猴子。对植物学家、自然爱好者、诗人、画家来说，这里是他们梦寐以求的胜地。

阿钦安阿纳雨林

位于印度洋岛国马达加斯加东北部，于2007年6月27日在第三十一届世界遗产大会上被评选为世界自然遗产。它是由分布于马达加斯加岛东部的6个国家公园组成。这片残存的雨林对维持马达加斯加生物多样性所需的生态过程极为重要。

自从在6000万年前与大陆分离后，马达加斯加岛上的动植物一直在封闭的环境中自我演化。阿钦安阿纳雨林内生活的动植物有80%至90%为此地独有的物种，因此该雨林对保存和挽救这些稀有或濒危物种，具有极其重要的意义。

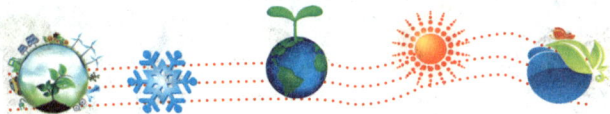

美国沼泽地国家公园

建于1974年，现在已经覆盖140万英亩。位于佛罗里达州南部尖角位置，一条淡水河缓缓流过广袤的平原，因而造就了这种独特的大沼泽地环境。辽阔的沼泽地、壮观的松树林和星罗棋布的红树林为无数野生动物提供了安居之地。这里是美国本土上最大的亚热带野生动物保护地。

园内栖息着300多种鸟类，其中像苍鹭、白鹭这些美丽的鸟类得到了很好的保护。美洲鳄、海牛和佛罗里达黑豹也受到良好

的保护。这些陆生和水生动植物居群相互适应，并且很好地适应了这里夏天湿润、冬天干燥的气候。

少女峰、阿莱奇冰川和比奇峰

阿尔卑斯山脉的最高峰之一，位于瑞士境内。少女峰海拔4158米，横亘1.8万米，宛如一位少女，披着长发，银装素裹，恬静地仰卧在白云之间。阿莱奇冰川位于瑞士南部，是阿尔卑斯山最大的冰川；比奇峰，位于瑞士，属阿尔卑斯山脉部分的山峰。2001年联合国教科文组织把少女峰、阿莱奇冰川和比奇峰综合山区列入《世界自然遗产目录》。

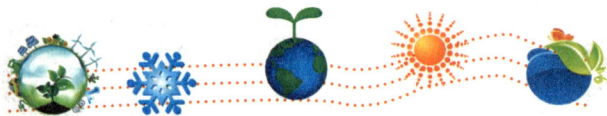

维多利亚瀑布

世界上最壮观的瀑布之一。位于南部非洲的赞比西河上，宽度超过2000米，主瀑布被河间岩岛分割成数股，浪花溅起高达300米，远自65千米之外便可见到。

每逢新月升起，瀑布奔入玄武岩海峡，形成的水雾中会映出光彩夺目的月虹，景色十分迷人。彩虹远隔2万米也能看到。

瀑布声如雷鸣。当地卡洛洛－洛齐族居民称之为"莫西奥图尼亚"，意即"霹雳之雾"。

1989年，被列入世界遗产名录。1905年在瀑布附近的峡谷上建成跨度200米的拱形铁路公路两用桥。赞比亚一侧建有两座水电站，发电能力共10万千瓦。

维多利亚瀑布国家公园与李文斯顿狩猎公园形成瀑布地区。瀑布地区已成为非洲著名旅游胜地。

阿拉伯羚羊保护区

位于阿曼境内。该保护区成功引进羚羊，使具有多样性和独特性的沙漠生态系统得以新生。

保护区在1994年被联合国教科文组织的世界遗产委员会列为世界遗产。2007年6月28日在新西兰基督城召开的第三十一届世界遗产委员会会议中宣布被除名。

乐山大佛

在四川省乐山市的岷江、青衣江、大渡河三江汇流处。大佛依岷江南岸凌云山栖鸾峰临江峭壁凿造而成，故又名凌云大佛。大佛与乐山城隔江相望。乐山大佛为弥勒全身坐像，其双手抚膝，正襟危坐，造型庄严，设计巧妙，是唐代摩崖造像的艺术精品，也是世界上同类作品的巅峰之作。佛像通高71米，开凿于公元713年，完成于公元803年，历时约90年。

在线小知识

我国的世界自然遗产：截至2011年6月25日，我国已有41处世界遗产。包括世界文化遗产29处，世界自然遗产8处，世界自然与文化双遗产4处。

图书在版编目（CIP）数据

神秘自然的生态效应：自然谜团解码 / 韩德复编著
. -- 北京：现代出版社，2014.5
ISBN 978-7-5143-2637-6

Ⅰ．①神… Ⅱ．①韩… Ⅲ．①自然科学－普及读物
Ⅳ．①N49

中国版本图书馆CIP数据核字(2014)第072341号

神秘自然的生态效应：自然谜团解码

作　　者：韩德复
责任编辑：王敬一
出版发行：现代出版社
通讯地址：北京市定安门外安华里504号
邮政编码：100011
电　　话：010-64267325 64245264（传真）
网　　址：www.1980xd.com
电子邮箱：xiandai@cnpitc.com.cn
印　　刷：汇昌印刷（天津）有限公司
开　　本：700mm×1000mm　1/16
印　　张：10
版　　次：2014年7月第1版　　2021年3月第3次印刷
书　　号：ISBN 978-7-5143-2637-6
定　　价：29.80元